高等学校遥感信息工程实践与创新系列教材

Python语言空间数据处理与分析实践教程

卢宾宾　秦昆　赵鹏程　田扬戈　王少华　编著

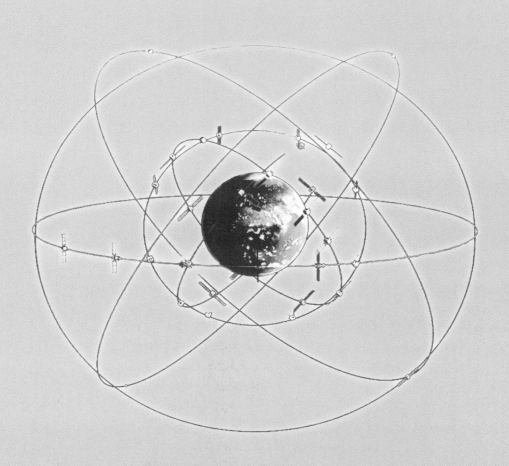

WUHAN UNIVERSITY PRESS
武汉大学出版社

图书在版编目(CIP)数据

Python语言空间数据处理与分析实践教程/卢宾宾等编著.—武汉:武汉大学出版社,2024.1
高等学校遥感信息工程实践与创新系列教材
ISBN 978-7-307-24161-9

Ⅰ.P⋯ Ⅱ.卢⋯ Ⅲ.软件工具—程序设计—高等学校—教材
Ⅳ.TP311.561

中国国家版本馆 CIP 数据核字(2023)第 229961 号

责任编辑:杨晓露   责任校对:汪欣怡   版式设计:马　佳

出版发行:**武汉大学出版社**   (430072   武昌   珞珈山)
　　　　(电子邮箱:cbs22@whu.edu.cn 网址:www.wdp.com.cn)
印刷:武汉科源印刷设计有限公司
开本:787×1092   1/16   印张:17   字数:403 千字   插页:1
版次:2024 年 1 月第 1 版   2024 年 1 月第 1 次印刷
ISBN 978-7-307-24161-9   定价:52.00 元

序

　　实践教学是理论与专业技能学习的重要环节，是开展理论和技术创新的源泉。实践与创新教学是践行"创造、创新、创业"教育的新理念，是实现"厚基础、宽口径、高素质、创新型"复合人才培养目标的关键。武汉大学遥感科学与技术类专业（遥感信息、摄影测量、地理信息工程、遥感仪器、地理国情监测、空间信息与数字技术）人才培养一贯重视实践与创新教学环节，"以培养学生的创新意识为主，以提高学生的动手能力为本"，构建了反映现代遥感学科特点的"分阶段、多层次、广关联、全方位"的实践与创新教学课程体系，夯实学生的实践技能。

　　从"卓越工程师教育培养计划"到"国家级实验教学示范中心"建设，武汉大学遥感信息工程学院十分重视学生的实验教学和创新训练环节，形成了一整套针对遥感科学与技术类不同专业方向的实践和创新教学体系、教学方法和实验室管理模式，对国内高等院校遥感科学与技术类专业的实验教学起到了引领和示范作用。

　　在系统梳理武汉大学遥感科学与技术类专业多年实践与创新教学体系和方法的基础上，整合相关学科课间实习、集中实习和大学生创新实践训练资源，出版遥感信息工程实践与创新系列教材，不仅服务于武汉大学遥感科学与技术类专业在校本科生、研究生实践教学和创新训练，并可为其他高校相关专业学生的实践与创新教学以及遥感行业相关单位和机构的人才技能实训提供实践教材资料。

　　攀登科学的高峰需要我们沉下心去动手实践，科学研究需要像"工匠"般细致入微地进行实验，希望由我们组织的一批具有丰富实践与创新教学经验的教师编写的实践与创新教材，能够在培养遥感科学与技术领域拔尖创新人才和专门人才方面发挥积极作用。

2017 年 3 月

前　　言

作为当前最受欢迎的程序设计语言,Python 语言以其在简洁性、易读性以及可扩展性等方面的优异表现,广受图像处理、人工智能、数据科学等相关行业从业者、科研人员和学子们的欢迎。本书聚焦 Python 语言在空间数据科学、地理信息科学等学科中的应用,为了使相关专业的本科生、研究生了解、学习和使用 Python 语言,在众多作者的共同努力下,《Python 语言空间数据处理与分析实践教程》编撰成书。

本书从 Python 语言入门基础开始,由浅入深、循序渐进地介绍如何利用 Python 软件及相关的函数包实现矢量数据、栅格数据、网络数据、点云数据等常用类型空间数据的导入、导出和处理,并初步介绍数据可视化和空间可视化技巧。此外,本书特别针对 ArcGIS 软件中的 Python 编程进行介绍,使学生能够掌握相关的空间数据处理 Python 脚本或工具编写。

本书可作为地理信息工程、遥感科学与技术等专业本科生或研究生课程教材,也可作为相关学者使用 Python 语言进行空间数据处理、分析、统计和可视化等方面学习的参考用书。

在本书编写过程中,参考了诸多相关书籍、论文和在线资料,笔者对所有作者,尤其是一些开源资料和教程的无私贡献者一并表示衷心感谢。最后,笔者对参与本书各章节资料整理与校对工作的汤浩堃、严敏祖、史祎琳、刘琪玥、王惠湄等同学表示衷心感谢!

由于编者水平有限,书中必然存在不足和不当之处,恳请各位读者不吝匡正(binbinlu @whu.edu.cn)。

书中所涉及的相关代码和数据将在本书出版后进行在线同步公开。

卢宾宾

2023 年 8 月

目　　录

1

第 1 章　Python 语言基础

1.1　Python 语言准备

Python 是一门强大、面向对象、被广泛使用的高级编程语言，由 Guido van Rossum（中国程序员称其"龟叔"）创立，1991 年开始发布第一版 Python 编译器。作为一门解释性脚本语言，Python 与 C++、Java 等语言相比，更强调代码的可读性、简洁性以及易扩展特征，力争让开发者用较少的代码去表达编程思维。

Python 拥有庞大的社区群体及成员，提供可供 Python 语言使用的各类第三方程序包，并发布在社区平台上，在 Python 语言的开发者和用户之间形成良好的开源共享机制，使得 Python 迅速成为一门热门的编程语言，2020 年超越 Java 语言成为最受欢迎的编程语言，在 HelloGitHub、TIOBE 等多个排行榜中被多次评为年度编程语言。而其开源的属性特征，也决定了无论用户从事何种行业，总能在庞大的第三方函数包中找到适用的资源，从而轻松地实现目标功能。

从本章开始，笔者将带领读者走进 Python 语言编程世界，从 Python 基础知识入手，重点围绕如何利用 Python 语言进行空间数据的处理、分析和可视化等相关操作，感受 Python 语言在地理信息、遥感数据等空间数据处理与分析方面的神奇魅力。

1.1.1　学习 Python2 还是 Python3

如果你已经对 Python 编程语言有所了解，那么一定知道 Python 2.X 与 Python3.X 版本之争。2000 年 10 月 Python2.0 版本发布，2008 年 12 月 Python3.0 版本发布。之后，Python2.X 版本与 Python3.X 版本长期共存发布，2010 年 Python2.X 的最终版——2.7 版本问世，2014 年 Python 官方声明 2.7 版本将是 Python2.X 的最后一个发行版本，并将于 2020 年彻底停止对 Python2 的维护。因此，Python3.X 版本是当前以及未来 Python 编程语言发展的主流。

与 Python2.X 版本相比，Python3 革除了 2.X 版本中存留的弊端，尤其对 Unicode 有了更好的支持，Python3.X 版本的这一特性彻底拯救了迷茫在各种编码问题中的 Python 语言开发者。此外，Python3.X 还有一些其他方面的更新，使得 Python 语言更容易学习与使用。

与 Python3.X 版本相比，虽然 Python2.X 存在明显的不足与缺陷，但其存在的最大原因是较多第三方函数包仅支持 Python2.X。在很多情况下，Python3.X 与 Python2.X 代码的兼容性不足，导致部分函数包不支持 Python3.X 版本，尤其是部分较小众或较少维护的

函数包或工具。目前，一些 Linux 和 Mac OS 系统的发行版仍然默认使用 2. X 版本的
Python，尤其针对空间数据处理与分析，如地理信息系统软件 ArcGIS 虽然支持 Python 语
言，但其内置的函数包 **ArcPy** 仍默认支持 Python2. 7 版本。因此，这也导致出现 Python3. X
版本与 Python2. X 版本长时间共存的局面。但是，Python2. X 版本即将被淘汰的结局无法
避免，相信随着 Python3 的发展，现存的这些问题都将被一一解决。因此，本书中 Python
语言基础与分析编程部分将以 Python3. X 版本为主，而其与 Python2. X 版本的不同之处笔
者将会特殊标示，并提供 Python2. X 版本的对应代码。值得注意的是，由于 ArcGIS 软件中
默认集成了 Python2. 7 版本，因此本书介绍其与 ArcGIS 软件结合部分时以 Python2. 7 版
本以及 **ArcPy** 函数包的对应代码为主。

1.1.2　Python 的安装

　　首先到 Python 语言官方网站（https://www. python. org/downloads/）下载最新版本
的 Python 软件安装包。Python 官网提供各种平台对应版本的下载途径，包括源码、Mac
OS 版本、Windows 版本和 Linux/UNIX 版本下载，其中 Windows 版本包含单机安装包以
及基于网络的安装包，下载 Windows 版本时请注意 32 位（32-bit）与 64 位（64-bit）的区别，
请读者按照对应系统配置下载。笔者此处将以 Windows 64 位版本的安装包作为示例。
　　安装包下载完成后，启动安装包，按照 step-by-step 的提示进行操作，请大家注意将
"Add Python 3.6 to PATH"选项勾选（图 1-1），并选择自定义安装模式（图 1-2），然后，在高
级选项（Advanced Options）里勾选"所有用户可用"（Install for all users）（图 1-3）。最后，点
击"Install"按钮开始安装。

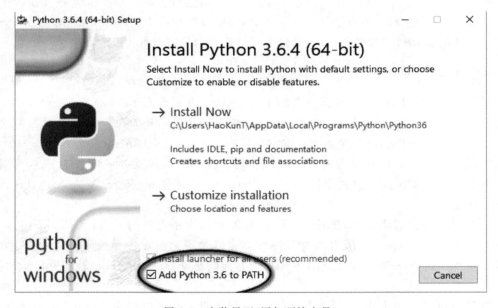

图 1-1　安装界面（添加环境变量）

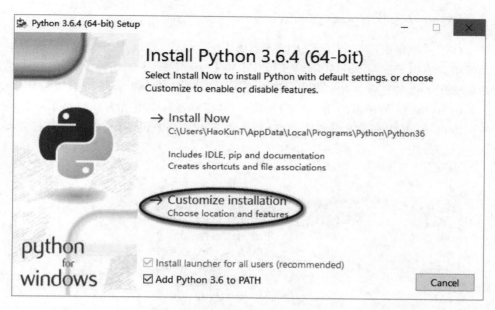

图 1-2　自定义安装

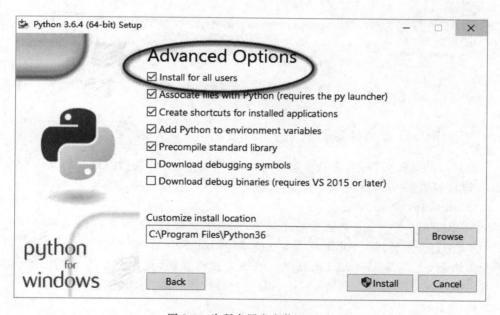

图 1-3　为所有用户安装 Python

  Python 软件安装完毕后，默认情况下，Python 将被安装在"C://Program Files//Python36"文件夹下。

1.1.3　Python2 与 Python3 共存

如果你的系统中已经安装了 ESRI ArcGIS 10.X 软件,那么 Python2.7 已经默认安装到了系统中。但由于安装 ArcGIS 软件时,并未将 Python2.7 添加到环境变量,这种情况下并不影响 Python3 的正常使用。但是,若你已经自行将 Python2 的路径添加到环境变量,为了不影响 Python3 的正常使用,请将 Python3 的解释器名字更改为 python3.exe(图 1-4)以进行版本区分,并将 pip 重新安装,对于此项内容更详细的说明,读者可以自行查阅相关资料。

图 1-4　将解释器名字更改为 python3.exe

1.1.4　Python 语言编辑器选取

作为热门的编程语言,支持 Python 的编辑器有很多,这里我们简要介绍几个较常用的 Python 语言编辑器。

1. Sublime Text

Sublime Text 是一个非常强大的编辑器,配合相关插件,开发者可以迅速搭建出理想的 Python 语言开发环境。Sublime Text 由程序员 Jon Skinner 于 2008 年 1 月发布,是一个跨平台编辑器,支持 Windows,Linux,Mac OS 等操作系统,其界面如图 1-5 所示。读者可以在其官网(http://www.sublimetext.com/)上寻找到更多的详细信息。

2. PyCharm

PyCharm 是由 JetBrain 专门为 Python 语言量身打造的 IDE 工具,提供了调试、语法高亮显示、Git 管理、代码跳转、自动补全和单元测试等功能,其界面如图 1-6 所示。PyCharm 社区版是免费的,虽然其功能稍有删减,但用于基础的 Python 语言开发已经相对足够。关于其安装和其他相关详细的使用信息,读者可以在其官网(https://www.jetbrains.com/pycharm/)上自行查找。

```
47    logger.setLevel(logging.INFO)
48
49
50
51
52    class myxmlRenderer(XMLRenderer):
53
54        def _to_xml(self, xml, data):
55            if isinstance(data, (list, tuple)):
56                for index,item in enumerate(data):
57                    dic = {'id':str(index+1)}
58                    xml.startElement(self.item_tag_name, dic)
59                    self._to_xml(xml, item)
60                    xml.endElement(self.item_tag_name)
61
62            elif isinstance(data, dict):
63                for key, value in six.iteritems(data):
64                    xml.startElement(key, {})
65                    self._to_xml(xml, value)
66                    xml.endElement(key)
67
68            elif data is None:
69                # Don't output any value
70                pass
71
72            else:
73                xml.characters(smart_text(data))
74
75
76    class MhjySpjkdViewSet(viewsets.ModelViewSet):
77        queryset = MhjySpjkd.objects.all()
78        serializer_class = MhjySpjkdSerializers
79        parser_classes = (XMLParser,)
80        renderer_classes = (myxmlRenderer,)
81
82        def get_queryset(self):
83            queryset = queryset = MhjySpjkd.objects.all()
84            params = self.request.query_params
```

图 1-5 Sublime Text3 界面

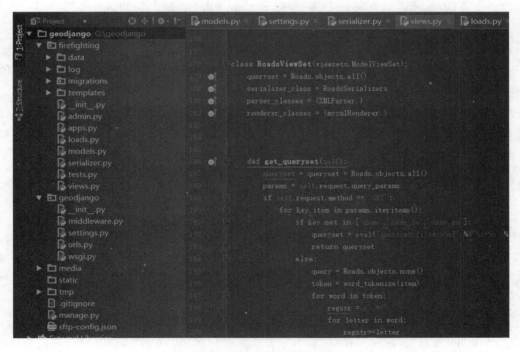

图 1-6 PyCharm 界面

5

3. IDLE

IDLE 是 Python 默认自带的代码编辑器，提供了简单的代码补全等功能，适合初学者进行基础的 Python 语法学习与入门代码调试。

为了便于读者循序渐进地学习 Python 语言，本书在第 1 章介绍 Python 语言基础语法时采用 IDLE 编辑器，之后将使用 Sublim Text3 作为代码编辑器。以上各种编辑器的安装方法比较简单，这里不再一一赘述。

1.1.5　解释器

当完成 Python 代码脚本编辑之后，可将其存储为一个扩展名为".py"的文件，而为了运行这个 Python 脚本代码，需要指定一个解释器执行解释。Python 解释器有很多种，包括 CPython、IPython、PyPy、Jython 和 IronPython 等。

CPython 是从 Python 官方网站上下载并安装好后默认的 Python 解释器，采用 C 语言编写，是最广泛使用的 Python 解释器。

IPython 是基于 CPython 开发的一个交互式解释器，增加了一些可交互的部分，而其他的代码解释功能与 CPython 完全一样。CPython 用">>>"作为命令提示符，而 IPython 用"In［序号］:"作为提示符。

PyPy 是一个注重代码效率的解释器，采用即时编译(just-in-time, JIT)技术，对 Python 代码进行动态编译，因此能够显著加快 Python 代码的执行效率。但注意其编译内核与 CPython 等解释器可能存在一定差异，同样的代码在不同解释器下运行的结果可能出现不一致的现象，因此读者如果在 PyPy 下运行 Python 脚本，需要意识到这种不同。

Jython 是在 Java 平台上运行的 Python 解释器，通过将 Python 代码编译成 Java 字节码，实现 Python 代码在 Java 平台上的运行。

IronPython 是一个运行在.Net 架构和 Mono 上的解释器，通过将 Python 代码编译成.Net架构的字节码，实现 Python 语言在.Net 架构上的运行。

本书主要使用默认的 CPython 解释器。而针对其他解释器，著名的 Anaconda 发行版使用的就是 IPython 解释器，其在科学计算与数据科学领域被广泛运用，读者可根据需要进一步了解。

1.2　Python 基础数据类型

Python 语言基础数据类型主要包括数值(Number)、字符串(String)、列表(list)、元组(Tuple)、集合(Sets)和字典(Dictionary)。读者需注意的是，Python 语言中的变量不需要事先声明，在使用之前针对变量进行对应类型的赋值即可。

1.2.1　数值(Number)类型

Python3 语言支持整型、浮点型、布尔型和复数型数值。但 Python3 只有整数型(int)，没有 Python2 版本中的长整型(long)。

```
>>>  number = 2
>>>  type(number)
<class 'int'>
```

在 Python3 中进行除法运算时,默认进行的是浮点型数值之间的除法,因此 Python3 进行除法运算"/"时,也会返回浮点型数值,这与 Python2 版本有较大的区别,Python2 会区分整型数值和浮点型数值,整数相除时会向下取整。如果在 Python3 中,仅进行整除运算,则需要使用双斜线符号"//"。运行以下代码,观察两种运算的不同之处:

```
>>>  float_number = 2.0
>>>  type(float_number)
<class 'float'>
>>>  5/3
1.6666666666666667
>>>  5//3
1
```

Python3 中的布尔型数值与 Python2 中的布尔型数值相似,只有两个值:"True"或"False",在此不再赘述。

1.2.2 字符串(String)类型

Python3 中的字符串以单引号' '或者双引号" "包含的一串字符进行表示,它与列表类型有部分相似之处,即均可进行截取、切片等操作,但字符串类型变量是不可修改的,而列表类型变量是可修改的。

尝试字符串类型变量的切片操作:str[start:end],示例代码如下:

```
>>>  string1 = 'Hello World!'
>>>  string1[1:5]
'ello'
```

在 Python3 中,与 C/C++语言类似,可以在字符串中使用反斜杠符号(\)对特殊字符进行转义,如"\n"表示换行,运行如下代码:

```
>>>  string2 = 'Hello\nWorld!'
>>>  print(string2)
Hello
World!
```

事实上,在 Python3 中也可以使用三引号来表示字符串,其与双引号、单引号的区别在于三引号可以跨行,而双引号、单引号均不能跨行。通常情况下,三引号字符串用于代码注释。如下所示:

```
"""这里是注释
    """
```

1.2.3　列表(List)类型

列表类型是 Python 语言中最灵活的数据类型之一,能够实现大部分集合类型数据结构的功能,可以理解为灵活的数据容器。列表类型数据中的元素无须是相同数据类型,即其中的元素可以是数值型、字符串、元组、集合、字典甚至列表类型本身的任意组合。

列表类型变量赋值以方括号[]为标识,使用逗号分隔其中的元素。与字符串相似,列表也可以使用切片和索引的方法来获取所需要的新列表对象或者列表中对应元素的值。同时,也可通过针对 List 类型数据的函数 *append*、*remove*、*pop* 对其中的元素进行对应添加、删除和返回最后一个元素等操作。运行以下示例代码,可体验 List 类型数据的相关操作及其特点:

```
>>> list1 = [1,2,3]
>>> list1[1:3]
[2,3]
>>> list2 = [list1,4,5]
>>> list2
[[1,2,3],4,5]
>>> list3 = [list2,'hello','world',6]
>>> list3
[[[1,2,3],4,5],'hello','world',6]
```

当索引值为负值时,表示倒序访问,如索引值"−1"表示 List 类型变量的最后一个元素;而"：−2"表示访问列表中第一个到倒数第二个元素(不包括倒数第二个元素)。

```
>>> list1[-1] #
3
>>> list3[:-2] #
[[[1,2,3],4,5],'hello']
```

针对 List 类型变量,也可使用一个索引序列对元素进行抽取,如下代码表示以 2 为步长抽取列表元素:

```
>>> list3[::2]
[[[1,2,3],4,5],'world']
```

针对 List 类型变量,*append* 函数可在对应 List 类型变量的尾部添加对应元素,*remove* 函数表示移除对应 List 类型变量的对应元素,而 *pop* 函数默认删除最后一个元素,但与 *remove* 函数不同的是将被删除的元素作为返回值返回。

```
>>> list3.append(7)
>>> list3
[[[1,2,3],4,5],'hello','world',6,7]
>>> list3[0] = 1
>>> list3
```

```
[1,'hello','world',6,7]
>>> list3.remove(6)
>>> list3
[1,'hello','world',7]
>>> list3.pop()
>>> list3
[1,'hello','world']
```

1.2.4 元组(Tuple)类型

Tuple 类型变量与列表类型变量相似,但其唯一不同之处在于元组类型变量的元素不能修改。Tuple 类型变量赋值以小括号()为标识,元素之间用逗号分开。

与 List 类型变量相同,Tuple 类型变量也能够进行索引、切片操作,以获取对应元素信息。运行以下代码,可以观察和体验 Tuple 类型变量的相关操作:

```
>>> tuple1 = (1,2,3,'hello','world','4')
>>> tuple1[1] = 4
Traceback (most recent call last):
    File "< stdin> ",line 1,in < module>
TypeError:'tuple' object does not support item assignment
>>> tuple1[1:4]
(2,3,'hello')
```

1.2.5 集合(Set)类型

Set 类型是一种无序数据结构类型,与数学中的集合概念相似,其构成为不重复的元素。Set 类型变量可通过 *add*、*update* 等函数实现添加和更新元素,需要注意的是 *add* 函数是将元素整体添加到集合,但 *update* 函数是将元素进行最小元素拆分,之后添加到变量中。Set 类型变量通过 *remove*、*clear* 等函数删除集合元素,其中 *remove* 函数逐个删除元素,而 *clear* 函数一次性将元素全部删除。运行以下示例代码,可以体验 Set 类型变量的创建、添加、更新和删除等操作:

```
>>> a = set('boy')
>>> a.add('python')
>>> a
{'o','y','python','b'}
>>> a = set('boy')
>>> a.update('python')
>>> a
{'y','t','n','o','p','b','h'}
>>> a.remove('o')
```

```
>>> a
{'b','h','n','p','t','y'}
>>> a.clear()
>>> a
{}
```

Set 类型变量可以采用逻辑运算符 &、|、一 进行交、并和补等集合关系判断,并返回满足对应关系的元素值结果,示例代码如下:

```
>>> a = set('abc')
>>> b = set('cdef')
>>> a & b
{'c'}
>>> a | b
{'f','c','d','a','b','e'}
>>> a - b
{'a','b'}
```

1.2.6　字典(Dictionary)类型

Dictionary 类型在 Python 语言中应用较多,是非常有用的一种结构化数据类型。与 List 类型变量不同的是,Dictionary 类型变量采用一个特有的键值对应变量的每一个元素值,在一个 Dictionary 类型变量中键值不允许重复,而对应的元素值没有限制。Dictionary 类型变量也是无序的,键值必须使用不可变数据类型,如字符串、元组、数字等。可通过以下示例代码体验 Dictionary 类型变量的相关操作:

```
>>> dict1 = {'Alice':'2341','Beth':'9102','Cecil':'3258'}
>>> dict1['Beth']
'9102'
>>> dict1['Tom']= '1984'
>>> dict1
{'Alice':'2341','Beth':'9102','Cecil':'3258','Tom':'1984'}
```

1.2.7　Python 数据类型转换

在 Python 语言中,可通过以下函数实现不同数据类型之间的强制转换:

(1) int(x,[base]):将变量 x 转换为整型,可变换进制;

(2) float(x):将变量 x 转换为浮点型;

(3) complex(a,bi):创建一个复数对象;

(4) str(x):将变量 x 转换为字符串;

(5) repr(x):将变量 x 转换为合法的 Python 表达式;

(6) tuple(x):将变量 x 转换为 Tuple 类型;

(7) list(x):将变量 x 转换为 List 类型;

(8) set(x):将变量 x 转换为 Set 类型;

(9) dict(x):将 Tuple 类型变量 x 转换为 Dictionary 类型;

(10) chr(x):将范围在 0~255 之间的整型变量 x 转换为对应的字符;

(11) ord(x):将字符 x 转换为对应整数;

(12) hex(x):将整型变量 x 转换为十六进制字符串;

(13) oct(x):将整型变量 x 转换为八进制字符串。

1.3 Python 语言基础编程语法

1.3.1 运算符

Python 语言运算符与 C/C++语言的运算符定义较类似,但 Python 语言提供了更加丰富和直观的运算符,具体包括算术运算符、赋值运算符、关系运算符、逻辑运算符、成员运算符和身份运算符,定义如表 1-1 所示。

表 1-1 Python 语言运算符的定义

类别	运算符	含 义
算术运算符	+	加运算
	－	减运算
	*	乘运算
	/	除运算
	%	取模运算
	**	幂运算
	//	取整运算
赋值运算符	=	赋值运算
	+=	加法赋值运算
	－=	减法赋值运算
	*=	乘法赋值运算
	/=	除法赋值运算
	%=	取模赋值运算
	**=	幂赋值运算
	//=	取整除赋值运算

11

续表

类别	运算符	含　义
关系运算符	==	等于
	!=	不等于
	<	小于
	>	大于
	<=	小于等于
	>=	大于等于
	<>	不等于,类似于!=
逻辑运算符	and	与运算
	or	或运算
	not	非运算
成员运算符	in	判断对应值是否在指定的序列中
	not in	判断对应值是否不在指定的序列中
身份运算符	is	判断两个标识符是引用自同一个对象
	is not	判断两个标识符不是引用自同一个对象

1.3.2　选择结构

与大多数语言一样,选择语句结构也是 Python 语言编程的基础语法结构,通过对一条或多条语句执行结果的逻辑判断(True or False)以确定需要被执行的代码块。

Python 语言的选择语句结构基础语法如下:

```
if condition:
    code block 1
elif another condition:
    code block 2
elif another:
    ...
else:
    code block n
```

上述结构的执行逻辑为:如果 condition 为真(True),那么就执行下面对应代码块(code block 1);否则,如果 another condition 为真(True),那么就执行对应代码块(code block 2);依此类推,直到前面所有条件均不满足,即均为假(False)时,则执行 else 后面对应的代码块(code block n)。注意,所有判断条件均以符号“:”作为结尾。不同于其他语言,Python 语言中没有 switch-case 语句。

可运行以下示例代码,掌握 Python 语言选择语句结构的使用方法和对应效果。

```
>>>   score = 87
>>>   gpa = 0
if score >= 90:
    gpa = 4.0
elif 85 <= score < 90:
    gpa = 3.7
elif 82 <= score < 85:
    gpa = 3.3
else:
    gpa = 3.0
>>>   print(gpa)
3.7
```

1.3.3　循环结构

循环语句结构是编程语言中的另一基础语法结构。与其他语言循环结构类似,Python 语言循环结构也有 while 循环与 for 循环两种方式,通过对某一语句执行结果的逻辑判断以确定对应代码块需要被循环执行多少次。

while 循环结构对应的基本语法如下:

```
while condition:
    code block
```

其逻辑含义为:若 condition 为真(True),则循环执行下面对应的代码块,每循环一次则重新计算 condition,直到 condition 为假(False),则跳出循环。

运行下面对应示例代码,可帮助掌握其用法和效果:

```
>>>   n = 100
>>>   sum = 0
>>>   counter = 1
while counter <= n:
    sum = sum + counter
    counter += 1
>>>   print(counter)
101
>>>   print(sum)
5050
```

for 循环语句基本语法如下:

```
for item in sequence:
code block
```

其逻辑含义是针对某一个序列类型变量(如列表、字典、元组、集合等类型的变量对象)中的每一个元素进行逐个赋值于变量 item,执行下列对应的代码块。for 循环语句结构对于需要遍历某个序列类型对象或针对固定数量的循环次数等情况更加易于操控。

运行如下示例代码,可帮助掌握 for 循环语句的用法及效果:

```
languages = ['English','Chinese Simplified','Chinese Traditional',
'French','Latin']
for language in languages:
    print(language)
```

而针对固定数量的循环次数,一般可使用 *range* 函数产生一组对应序列,之后进行对应遍历循环,效果如下代码所示:

```
>>>  for i in range(5):
         print(i)
0
1
2
3
4
```

1.3.4　函数

函数结构进阶编程是学习 Python 编程语言的重要一环。函数结构将一段代码进行功能封装,以便于之后的重复调用。函数的出现使得代码的复用率得到了极大的提高,是学习编程的关键。

Python 编程语言函数结构的基本语法如下:

```
def function(arg):
    code block
```

定义函数以 def 为关键字,后面为函数名(function),括号中为函数对应的参数。与 C 语言不同的是,Python 语言函数中的变量均为对象引用,即如果在函数体内部对参数进行了修改等,则函数之外其修改仍然存在。同样,Python 语言中的函数可以返回特定值,以关键字 return 标识。

运行以下示例代码,有助于掌握 Python 语言函数的用法:

```
>>>  def add(x1,x2):
         return x1 + x2
>>>  print add(1,3)
4
```

上述代码定义了两个数值型变量相加的函数,返回值为两数之和。注意,只有 x1 和 x2 均为数值型赋值时才能相加,因此需要在函数体内对输入的参数类型进行判断,才能确保函数的鲁棒性,这一点可由读者结合前面的选择结构自行进行尝试。

1.3.5　代码缩进

读者会注意到,与 C/C++、Java 等常用编程语言中采用大括号区分代码块层次关系不同，Python 语言使用缩进来表示代码块之间的层级关系结构（如选择语句结构、循环结构和函数体）。从其基础语法上讲，只要当前行代码的缩进比上一行多一个空格，那么就认为其属于下一个层级的代码块（如针对循环、选择嵌套）。通常情况下，为了保证代码的简洁性和可读性，以 4～5 个空格作为区分不同层级的缩进量。

请读者重点注意，在同一个 Python 代码文件的编辑过程中，不要将制表符与空格混用，即使它们在视觉上具有同样的缩进效果，但 Python 解释器只能单一区分出空格或制表符作为缩进表示，混用缩进符会导致代码报错，进而无法运行，这也是初学者最容易犯的错误。

1.4 思考与练习

1. 水仙花数是指一个 $n(n>=3)$ 位数，其每一位上的数字的 n 次幂之和等于其本身，例如 $1^3 + 5^3 + 3^3 = 153$。请用 Python 语言编程输出 10000 以内的所有水仙花数。

2. 请用 Python 语言实现阶乘 $n!$ 的求解函数。

3. 在题 2 的基础上，请实现排列组合 $A(m,n)$ 的求解函数。

4. 请实现如下功能的函数：输出由 m 个（正整数）0～9 数字组成所有可能的数值。

第 2 章　Python 基础函数包应用

Python 能迅速发展为一门热门的编程语言，与其丰富的第三方函数包不无关系。在 PyPI 网站（https://pypi.org/）上，截至 2023 年 1 月有超过 42 万个 Python 函数包，发布了超过 400 万个版本。为了利用这些资源，本章将介绍如何进行函数包安装，以及常用的基础函数包应用。

2.1　函数包安装

2.1.1　pip 安装

在安装 Python 平台软件的同时，请一并安装专门用来管理第三方函数包（Package）的工具——pip，可到其官网（https://pip.pypa.io/）下载并按照向导进行安装，安装过程在此不再赘述。在此基础上，笔者将介绍如何使用 pip 工具安装第三方函数包。

首先调出系统命令行工具（cmd），并输入安装代码：pip3① install ［package name］，例如，当输入如下命令时，pip 就会为我们自动安装 **numpy** 这个第三方函数包，如图 2-1 所示：

```
pip3 install numpy
```

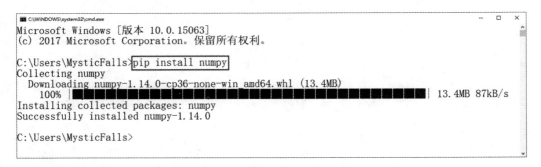

图 2-1　pip 安装第三方函数包示例

目前国内较流行的 pip 镜像源有如下 4 个：

清华：https://pypi.tuna.tsinghua.edu.cn/simple

---

① 　如果同时安装了 python2 和 python3，那么 pip 对应 python2，pip3 对应 python3；如果只装有 python3，则 pip 和 pip3 就是一样的。

阿里云:http://mirrors. aliyun. com/pypi/simple/

中国科技大学:https://pypi. mirrors. ustc. edu. cn/simple/

豆瓣:http://pypi. douban. com/simple/

值得注意的是,上述镜像地址可能会动态调整,如果遇到镜像链接不可用,请尝试搜索不同的链接。具体来说,可以通过以下两种方式使用上述国内镜像:

1) 临时使用

在使用 pip 安装包时,在"pip install"命令后加上参数"-i [国内镜像]"或"--index [国内镜像]"。例如,输入如下命令,pip 就会从豆瓣所提供的镜像安装 **numpy** 库。

```
pip install - ihttp://pypi.douban.com/simple/ numpy
```

2) 设为默认

通过在安装文件夹下修改或者添加相应的配置文件,即可将默认源替换为国内镜像。具体来说,不同的操作系统操作有所不同:

在 Linux 系统中,修改 ~/. pip/pip. conf;

针对 macOS 系统,修改 $ HOME/Library/Application Support/pip/pip. conf ,注意如果没有上述参数就新建一条;

而在最常用的 Windows 系统中,在 user 目录下创建一个 pip 文件夹,如:C:\Users\xx\pip,新建文件 pip. ini,在文件中新增对应的镜像源地址 index-url,注意为了确保文件能够正常使用,使用 UTF-8 无 BOM 格式编码。例如,若要声明 tuna 镜像源,可以在文件中修改或新增以下内容:

```
index-url = https://pypi.tuna.tsinghua.edu.cn/simple
```

2.1.2 conda 安装

如上节所述,pip 是 Python 函数包的通用管理器,而 conda（https://github. com/conda/conda）是一个与语言无关的跨平台环境管理器。二者相比,pip 能在任何操作系统环境下安装 Python 函数包,而 conda 仅能在安装了 conda 的前提下进行函数包安装。值得注意的是,conda 能够自动安装函数包的依赖项,因此如果待安装的函数包依赖于较多的其他 Python 函数包,如 **NumPy**,**SciPy**,**Matplotlib** 等基础函数包,那么 conda 将提供一个更好的函数包安装服务。总之,conda 和 pip 分别侧重于不同用户组和使用场景,用户可根据自身需求进行择优选用。

具体来说,安装 conda 可以通过安装 Anaconda 或者 Miniconda① 等软件完成,以 Anaconda 为例,完成安装后打开 Anaconda Prompt,进入 conda 环境,输入命令:conda install [package name]进行对应函数包安装。例如,当输入如下命令时,conda 将会自动安装 **seaborn**,如图 2-2 所示:

```
conda install seaborn
```

---

① Miniconda 是 Anaconda 的一个轻量级替代,默认只包含了 Python 和 conda,可以通过 pip 和 conda 来安装所需要的包:https://conda. io/miniconda. html。

```
Anaconda Prompt
(D:\Anaconda3) C:\Users\MysticFalls>conda install seaborn
Fetching package metadata .............
Solving package specifications: .

Package plan for installation in environment D:\Anaconda3:

The following NEW packages will be INSTALLED:

    seaborn: 0.8.1-py36h9b69545_0  defaults

The following packages will be UPDATED:

    conda:    4.3.30-py36h7e176b0_0 defaults --> 4.4.7-py36_0          defaults
    pycosat: 0.6.2-py36hf17546d_1  defaults --> 0.6.3-py36h413d8a4_0 defaults

Proceed ([y]/n)? y

pycosat-0.6.3- 100% |###################################| Time: 0:00:00 184.06 kB/s
seaborn-0.8.1- 100% |###################################| Time: 0:00:00 594.98 kB/s
conda-4.4.7-py 100% |###################################| Time: 0:00:00   2.42 MB/s

(D:\Anaconda3) C:\Users\MysticFalls>
```

图 2-2　conda 安装第三方包

与 pip 类似，Anaconda 的默认服务器(https://www.anaconda.com/)也在国外，清华大学 TUNA 镜像源提供了 Anaconda 仓库的镜像，通过 conda config 命令将其加入 conda 配置，如图 2-3(a)所示。通过上述操作，将生成~/.condarc（Linux/Mac 系统）或用户目录下的.condarc（Windows 系统）文件，记录 conda 的默认镜像配置，如图 2-3(b)所示。此外，也可直接对文件进行手动编辑，将原来的默认镜像修改为 TUNA 镜像源。

```
Anaconda Prompt
(base) C:\Users\MysticFalls>conda config --add channels https://mirrors.tuna.tsinghua.edu.cn/anaconda/pkgs/free/

(base) C:\Users\MysticFalls>conda config --add channels https://mirrors.tuna.tsinghua.edu.cn/anaconda/pkgs/main/

(base) C:\Users\MysticFalls>conda config --set show_channel_urls yes

(base) C:\Users\MysticFalls>
```

(a) 在Anaconda Prompt中输入命令进行镜像修改

```
show_channel_urls: true
ssl_verify: true
channels:
  - https://mirrors.tuna.tsinghua.edu.cn/anaconda/pkgs/main/
  - https://mirrors.tuna.tsinghua.edu.cn/anaconda/pkgs/free/
  - defaults
```

(b) 修改后生成的“.condarc”文件

图 2-3　conda 设置清华大学 TUNA 镜像源

```
conda config -- add channels
https://mirrors.tuna.tsinghua.edu.cn/anaconda/pkgs/free/
conda config -- add channels
```

https://mirrors.tuna.tsinghua.edu.cn/anaconda/pkgs/main/
conda config -- set show_channel_urls yes

2.1.3 本地安装

除了上述两种在线安装方式之外,Python 支持线下安装第三方函数包,以应对无法联网或线下调试等情形。

首先从网上下载第三方函数包的安装包,可同样使用 pip 工具,命令格式为 pip3 download [package name],之后在需要安装函数包的电脑上采用命令 pip3 install [package installer name]对准备好的函数包进行安装。如图 2-4 所示,输入上述两个命令,pip 将首先下载 **mpld3** 的安装包,然后使用已经下载好的安装包压缩文件安装 **mpld3** 函数包。

pip download mpld3
pip install mpld3-0.3.tar.gz

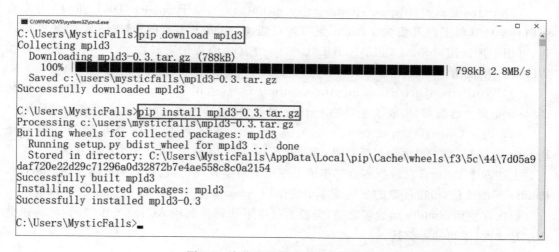

图 2-4   离线安装第三方函数包示例

2.2   NumPy 函数包

Python 语言最为知名的科学计算生态系统 SciPy① 包括 **NumPy**、**SciPy library**、**Matplotlib**、**Sympy**、**Pandas** 等核心函数包,**NumPy** 是其中最基础的数值计算函数包,其主要包含以下四个部分的内容:

(1)定义了强大的 N 维数组对象 *ndarray* 以及其他基础派生对象,如一维向量 vector、二维矩阵 matrix 等,支持高纬度数组与矩阵运算;

① Python 科学计算生态系统 SciPy,与函数包 **SciPy** 有区别,函数包 **SciPy** 也是整个生态系统中的一部分,详见 https://docs.scipy.org/doc/。

（2）实现了 **NumPy** 数组对象与列表数据之间的输入/输出（I/O）操作，并整合了多个强制转换函数；

（3）成熟的广播函数（Broadcasting），以在算术操作过程中灵活处理不同维度的数组；

（4）包含了位运算、三角函数、线性代数、傅里叶变换、基础统计和随机数生成等基础数组运算函数。

2.2.1 安装 NumPy

除了通过前面 2.1 节所介绍的函数包安装方式，还可以通过下载安装以下几个 Python 的发行版本，直接默认安装 **NumPy** 以及其他关联 Python 科学计算函数包：

（1）Anaconda（https://www.anaconda.com/products/individual）：免费开源的 Python 发行版本，集成了丰富的 Python 科学计算包，支持 Linux，Windows 和 Mac 操作系统。

（2）Python(x,y)（https://python-xy.github.io/）：基于 Spyder IDE[①] 和 QT 开发的面向科学计算与工程开发的 Python 免费发行版本，集成了丰富的 Python 科学计算函数包，可用于帮助用户将 MATLAB、IDL、C/C++ 等其他编程语言转换到 Python，但仅可在 Windows 下使用。

（3）WinPython(https://winpython.github.io/)：适用于 Windows 8/10 操作系统的 Python 免费发行版本，集成了主要的 Python 科学计算包，主要面向科研和教育目的的使用。

（4）Pyzo（http://www.pyzo.org/）：基于 Anaconda 和 Python IDE 所开发的开源 Python 计算平台，主要面向科学计算，支持 Linux，Windows 和 Mac 多个操作系统。

上述四个 Python 发行版本全部集成了主流的科学计算包，包括本书后续介绍的 **SciPy**、**Pandas** 等函数包，值得注意的是后续本书将使用 Anaconda 平台介绍 Python 科学计算。

每次在使用 **NumPy** 函数包之前，需要通过以下代码将其引入当前工作空间，其他函数包也是如此，不再一一赘述：

```
>>> import numpy as np
```

2.2.2 数组对象

NumPy 的核心特点是其提供了 N 维数组对象 *ndarray*（N-dimensional array type）。**NumPy** 的基础代码采用 C 语言进行实现，还调用了 BLAS[②]、ATLAS[③] 等矩阵运算函数库，与 Python 语言的标准 *array.array* 类对象相比，*numpy.array* 的计算速度有很大的提升。

具体来说，**NumPy** 包中的 N 维数组对象 *ndarray* 有如下几个特点：

---

① The Scientific PYthon Development EnviRonment：https://github.com/spyder-ide/spyder。

② BLAS(Basic Linear Algebra Subprograms)，即基础线性代数子程序库，里面拥有大量已经编写好的关于线性代数运算的程序：http://www.netlib.org/blas/。

③ Automatic Tuned Linear Algebra Software，BLAS 线性算法库的优化版本：http://math-atlas.sourceforge.net/。

（1）*ndarray* 是一个多维数组对象，该对象由两部分组成：实际的数据和描述数据的元数据，大部分的数组操作仅仅修改元数据部分，而不改变底层的实际数据；

（2）*ndarray* 一般是同质的，即所有元素的数据类型必须一致；

（3）*ndarray* 的元素索引值是从 0 开始的。

ndarray 中的每个元素在内存中被分配了相同大小的块，且每个元素都是同一数据类型（dtype）的对象，从 *ndarray* 对象提取的元素由 *array scalars* 对象表示，图 2-5 展示了 *ndarray*，*data-type*，*array-scalar* 三个基本对象的关系。

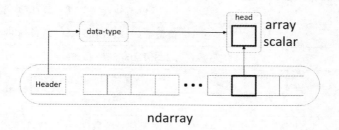

图 2-5　*ndarray*，*data-type*，*array-scalar* 之间的关系

基本的 *ndarray* 使用 **NumPy** 中的 *numpy.array* 函数创建，其用法参数及其描述如表 2-1 所示。

numpy.array (object, dtype = None, copy = True, order = None, subok = False,ndmin = 0)

表 2-1　*numpy.array* 参数及其描述

参　　数	描　　述
object	用于创建数组的序列对象
dtype	数组所需数据类型，可选
copy	可选，默认为 True，对象将被复制
order	C（按行）、F（按列）或 A（任意，默认）
subok	若为 False（默认），返回的数组被强制转为基类数组；否则返回子类
ndmin	指定返回数组的最小维数

在 Python 语言的基础数据类型中，支持整型、浮点型以及复数等类型，但这些类型在实际应用过程中难以满足科学计算的需求，因此 **NumPy** 中添加了许多其他的数据类型，具体如表 2-2 所示。

表 2-2　NumPy 数据类型

数据类型	描　述
bool	存储为一个字节的布尔值
int	默认整数(相当于 C 的 long,通常为 int32 或 int64)
intc	相当于 C 的 int(通常为 int32 或 int64)
int p	用于索引的整数(相当于 C 的 size_t,通常为 int32 或 int64)
int8	字节(−128~127)
int16	16 位整数(−32768~32767)
int32	32 位整数(−2147483648~2147483647)
int64	64 位整数(−9223372036854775808~9223372036854775807)
uint8	8 位无符号整数(0~255)
uint16	16 位无符号整数(0~65535)
uint32	32 位无符号整数(0~4294967295)
uint64	64 位无符号整数(0~18446744073709551615)
float	float64 的简写
float16	半精度浮点:5 位指数,10 位尾数
float32	单精度浮点:8 位指数,23 位尾数
float64	双精度浮点:11 位指数,52 位尾数
complex	complex128 的简写
complex64	复数,由两个 32 位浮点数表示(实部和虚部)
complex128	复数,由两个 64 位浮点数表示(实部和虚部)

　　针对上述函数,输入如下示例代码可加深对 *ndarray* 对象的理解。需特别注意,在创建数组时,参数 *object* 为序列类型对象,而不是多个数值参数。

```
>>>  import numpy as np
>>>  a = np.array(['a','d','f'])
>>>  print(a)
['a' 'd' 'f']
>>>  b = np.array([[1,2,3],[4,5,6]])
>>>  print(b)
[[1 2 3]
 [4 5 6]]
>>>  a = np.array('a','d','f')
Traceback (most recent call last):
  File"<stdin>",line 1,in <module>
```

```
ValueError:only 2 non-keyword arguments accepted
>>>  b = np.array([1,2,3],[4,5,6])
Traceback (most recent call last):
  File"<stdin> ",line 1,in <module>
TypeError:data type not understood

>>>  c = np.array([1],dtype = complex,ndmin = 3)
>>>  print(c)
[[[1.+ 0.j]]]

>>>  x = np.array([[1.6,2,3.3,4],[4,5.1,6.2,1]],np.float16)
>>>  type(x)
<class 'numpy.ndarray'>
>>>  x.dtype
dtype('float16')
```

2.2.3 **NumPy** 基础操作

除了 2.2.2 小节描述的使用 $numpy.array$ 函数创建 $ndarray$ 数组对象的方法之外,还可以使用 **NumPy** 中的快速创建数组函数生成具有特殊含义的数组对象。

首先,可以分别使用 $numpy.zeros(shape[,dtype,order]$①$)$ 函数、$numpy.ones(shape[,dtype,order])$ 函数等创建维度为 $shape$ 的 0 数组或 1 数组,具体示例代码如下:

```
>>>  np.zeros((3,2))
array([[0.,  0.],
       [0.,  0.],
       [0.,  0.]])
>>>  np.ones((3,2))
array([[1.,  1.],
       [1.,  1.],
       [1.,  1.]])
```

此外,还可以通过指定数值值域来创建数组,例如使用 $numpy.arrange([start,] stop[,step,][,dtype])$ 函数或者 $numpy.linspace(start,stop[,num,endpoint,...])$ 函数创建在给定区间$(start,stop)$内的等间隔$(step)$数组,具体示例代码如下:

```
>>>  np.arange(5)
array([0,1,2,3,4])
>>>  np.arange(1,2,0.5)
array([1.,  1.5])
```

---

① 使用方括号“[]”括起来的参数为可选参数。

```
>>> np.arange(3,36,3,dtype= np.float)
array([3.,   6.,   9.,   12.,   15.,   18.,   21.,   24.,   27.,   30.,   33.])
>>> np.arange(3,1,-1,dtype= np.float)
array([3.,   2.])


>>> np.linspace(2.,5.,3)
array([2.,   3.5,   5.])
```

在创建完成数组对象后,需要掌握如何对数组元素进行访问。**NumPy** 提供了索引和切片方式对 *ndarray* 对象内容进行访问与修改。如前文所述,*ndarray* 对象的元素遵循基于零的索引。索引和切片方式可以分为如下四类:

1) 普通索引

首先是对一维数组进行索引,只需要在“[]”中输入需要索引的元素的位置即可,数组从 0 开始编号,索引位置－1 代表从后面开始数第一位,依此类推,示例代码如下:

```
>>> a = np.arange(6)
>>> a
array([0,1,2,3,4,5])
>>> a[0]
0
>>> a[11]
1
>>> a[-3]
3
>>> a[-2]
4
```

在对多维数组进行普通索引时,首先确定索引的维度,“[]”中第一个数字代表维度,从第 0 维开始,确定维度之后可以当成是对该维度下的一维数组进行索引。如果仅指定维度,则取该维度下的整行数据。具体示例代码如下:

```
>>> a.shape = (2,3)
>>> a
array([[0,1,2],
       [3,4,5]])
>>> a[1,2]
5
>>> a[1,-1]
5
>>> a[1]
array([3,4,5])
```

```
>>>  a[1][0] ①
3
>>>  a[1,0]
3
```

2）切片索引

通过普通索引能够相对清晰地访问数组元素，但一次只能取得一个或一行数据。如果需要在一个数组中取一组数据，虽然可以通过逐个指定或者使用循环机制来完成，但是操作上略显笨重。此外，当需要取出的数据量较大且不连续时，如规则间隔取数，使用普通索引的难度就会很大。此时，Python 语言的切片机制就能很好地帮助我们解决这个问题。采用一个简单的冒号"："，即可舍弃循环，完成各种复杂的索引任务。

具体来说，使用切片索引时，"[a：b：c]"表示取数组中第 a 位到第 b 位（不包括第 b 位），间隔为 c 的一组数据，间隔为 1 时，c 可省略；"："左边省略表示从头开始索引，"："右边省略表示索引到结尾为止，"[：]"表示取全部数组。示例代码如下：

```
>>>  a = np.arange(6)
>>>  a[:]
array([0,1,2,3,4,5])
>>>  a[:2]
array([0,1])
>>>  a[3:]
array([3,4,5])

>>>  a[2:4]
array([2,3])
>>>  a[:-4]
array([0,1])
>>>  a[0:5:2]
array([0,2,4])
>>>  a[::-1]
array([5,4,3,2,1,0])
```

多维数组的切片索引可以理解为在每一个维度上均对其进行一维切片索引，此处不再赘述细节，可通过如下示例代码观察具体操作效果：

```
>>>  b = np.arange(24).reshape(6,4)
>>>  b[1:6:3,::2]
array([[4,6],
      [16,18]])
```

---

① 注意，a[1,0] ＝a[1][0]，但是由于 a[1][0] 会生成临时数组，因此效率不如 a[1,0]。

```
>>>  b = np.arange(60).reshape(3,4,5)
>>>  b
array([[[0,1,2,3,4],
        [5,6,7,8,9],
        [10,11,12,13,14],
        [15,16,17,18,19]],

       [[20,21,22,23,24],
        [25,26,27,28,29],
        [30,31,32,33,34],
        [35,36,37,38,39]],

       [[40,41,42,43,44],
        [45,46,47,48,49],
        [50,51,52,53,54],
        [55,56,57,58,59]]])
>>>  b[::-1,:2,1::2]
array([[[41,43],
        [46,48]],

       [[21,23],
        [26,28]],

       [[1,3],
        [6,8]]])
```

3）数组索引

此外,可以通过数组索引来对目标数组进行索引,索引后的结果数组与索引数组的规格一致,示例代码如下:

```
>>>  a = np.arange(10)
>>>  a[np.array([1,3,2,1])]
array([1,3,2,1])
>>>  a[np.array([-1,-5,3])]
array([9,5,3])
>>>  a[np.array([[1,1],[-1,2]])]
array([[1,1],
       [9,2]])
```

同样地,如果被索引的数组是多维的,则转换为各个维度上的一维索引即可。需要注意的是,针对每个维度的索引数组,规格应该保持一致以确保索引有效,示例代码如下:

```
>>> b = np.arange(24).reshape(6,4)
>>> b[np.array([0,2,4])]
array([[0,1,2,3],
       [8,9,10,11],
       [16,17,18,19]])
>>> b[np.array([0,2,4]),np.array([1,2,0])]
array([1,10,16])

>>> b[np.array([0,2,4]),np.array([1,2])]
Traceback (most recent call last):
  File"<stdin>",line 2,in <module>
IndexError: shape mismatch: indexing arrays could not be broadcast
together with shapes (3,) (2,)
>>> b[np.array([0,2,4]),2]
array([2,10,18])
```

4）布尔索引

在 Python 语言和 R 语言中，均提供了采用布尔类型的索引值对数组对象进行访问，直接返回布尔值为真（True）的索引位置对应的元素值，一般可通过比较大小等逻辑运算控制数组元素访问。通常情况下，最直接的索引方式为使用与被索引数组规格一致的布尔型索引数组实现数组中索引值为 True 的元素提取。示例代码如下：

```
>>> b = np.arange(24).reshape(6,4)
>>> index
array([[False,False,False,False],
       [False,False,False,False],
       [False,False,False,False],
       [False,False,False,False],
       [False,True,True,True],
       [True,True,True,True]],dtype= bool)
>>> b[index]
array([17,18,19,20,21,22,23])
>>> c = np.array([np.nan,1,2,np.nan,3])
>>> c
array([ nan,1.,   2.,   nan,   3.])
>>> c[~np.isnan(c)]
array([1.,   2.,   3.])
```

在对 *ndarray* 操作的过程中，可以直接通过函数获取 *ndarray* 的属性，*ndarray* 对象常用的属性如表 2-3 所示。

表 2-3　*ndarray* 常用属性

属　性	描　述
dtype	描述数组元素的类型
shape	以 tuple 表示的数组形状
ndim	数组的维度
size	数组中元素的个数
itemsize	数组中的元素在内存中所占字节数
T	数组的转置
flat	返回一个数组的迭代器,对 flat 赋值将导致整个数组的元素被覆盖
real/imag	给出复数数组的实部/虚部
nbytes	数组占用的存储空间

上述属性的示例代码如下:

```
>>> x = np.arange(24).reshape(4,6)
>>> x.dtype
dtype('int32')
>>> x.shape
(4,6)
>>> x.ndim
2
>>> x.T
array([[0,6,12,18],
       [1,7,13,19],
       [2,8,14,20],
       [3,9,15,21],
       [4,10,16,22],
       [5,11,17,23]])
```

作为科学计算的基础函数包,**NumPy** 还提供了丰富的功能函数,包括数组属性操作、数学运算方法以及其他高级数值操作方法。

1) 属性操作

根据 *ndarray* 的属性,**NumPy** 提供了一系列修改属性的方法,常见的有用于重塑数组维度的 *reshape*() 和 *resize*() 函数,*reshape*() 函数返回一个修改了规格的数组,而 *resize*() 函数则直接对数组本身进行修改,具体示例代码如下:

```
>>> x = np.arange(8)
>>> x
array([0,1,2,3,4,5,6,7])
```

```
>>> x.reshape(2,4)
array([[0,1,2,3],
       [4,5,6,7]])
>>> x.resize(2,4)
>>> x
array([[0,1,2,3],
       [4,5,6,7]])
```

2）基本数学运算操作

作为数值计算的基础函数包，**NumPy** 不仅可以实现基本的加减乘除四则运算，还提供了 $cos()$、$exp()$ 等其他常用的数学运算函数，示例代码如下：

```
>>> x = np.arange(6)
>>> y = np.array([2, 3, 5, 1, 7, 0])
>>> x - y
array([-2, -2, -3, 2, -3, 5])
>>> x- y
array([-2, -2, -3, 2, -3, 5])
>>> x**2
array([0, 1, 4, 9, 16, 25])
>>> y< 6
array([True, True, True, True, False, True],
dtype= bool)
>>> np.cos(x) * 10
array([10., 5.40302306, -4.16146837, -9.89992497,
       -6.53643621, 2.83662185])
>>> np.exp(y)
array([7.38905610e+00, 2.00855369e+01, 1.48413159e+02,
       2.71828183e+00, 1.09663316e+03, 1.00000000e+00])
```

NumPy 还可以很方便地进行矩阵运算，如直接使用"*"表示矩阵对位相乘；如果要进行矩阵乘法，则需要使用 $dot()$ 函数，具体有两种使用方式，示例代码如下：

```
>>> a = np.arange(4).reshape(2,2)
>>> b = np.array([[2,0],[1,3]])
>>> a * b
array([[0,0],
       [2,9]])
>>> a.dot(b)
array([[1,3],
       [7,9]])
>>> np.dot(a,b)
```

```
array([[1,3],
       [7,9]])
>>>  a * = 4
>>>  a
array([[0,4],
       [8,12]])
```

此外, **NumPy** 还提供了 $sum()$, $cumsum()$, $min()$, $mean()$ 等基础汇总统计函数用于计算数组总和、累加和、最小值、平均值等,以进行便捷的基础统计分析,其中参数 $axis$ 用于指定计算维度,axis＝0 表示按列运算,axis＝1 表示按行运算。示例代码如下:

```
>>>  a.sum()
24
>>>  a.cumsum(axis = 1)
array([[0,  4],
       [8,20]],dtype = int32)
>>>  a.min()
0
>>>  a.mean()
6.0
>>>  a.sum(axis = 0)
array([8,16])
>>>  a.min(axis = 1)
array([0,8])
```

NumPy 中的迭代对象 $nditer$ 提供了另一种便捷访问一个或者多个数组的方式,这使得迭代操作在 **NumPy** 中十分简单。此外, $flat()$ 函数可以返回一个 $flatiter$ 对象,能够让我们如同遍历一维数组那样遍历多维数组,因此也可以使用 $flat()$ 函数来进行迭代操作。示例代码如下:

```
>>>  def f(x,y):
...      return x+ y * 10
...
>>>  b = np.fromfunction(f,(2,3),dtype= int)
>>>  b
array([[0,10,20],
       [1,11,21]])

>>>  for row in b:
print(row)
......
[0 10 20]
```

```
[1 11 21]

>>> for x in np.nditer(b):
...     print(x)
...
0
10
20
1
11
21
>>> for element in b.flat:
...     print(element)
...
0
10
20
1
11
21
```

3）高级操作

在 **NumPy** 函数包中能够对数组进行堆叠 $vstack()/hstack()$①、分割 $vsplit()/hsplit$()、复制 $view()/copy()$、重组 $ix\_()$、矩阵运算、排序 $sort()$以及按特定条件索引等高级操作，本书采用一个简单示例，分别展示这些函数的用法。

具体来说，首先随机生成规格为 2*2 整数数组作为实验数据，$vstack()$可以将数组纵向堆叠，$hstack()$函数可以对数组进行横向堆叠，示例代码如下：

```
>>> a = np.array(np.random.random_integers(9,size= (2,2)))
>>> a
array([[7,6],
       [4,7]])
>>> b = np.array(np.random.random_integers(9,size= (2,2)))
>>> b
array([[2,4],
       [7,3]])
>>> np.vstack((a,b))
array([[7,6],
```

___

① $v:vertical,h:horizontal$

```
        [4,7],
        [2,4],
        [7,3]])
>>> np.hstack((b,a))
array([[2,4,7,6],
        [7,3,4,7]])
```

函数 *vsplit*()/*hsplit*() 可以将数组纵向或横向分割,示例代码如下:

```
>>> np.vsplit(a,2)
[array([[7,6]]),array([[4,7]])]
>>> np.hsplit(a,2)
[array([[7,
        [4]]),array([[6,
        [7]])]
```

对于数组的复制,**NumPy** 提供了以下三种方法:

(1) 等号"="操作:等号左边的数组即为等号右边的数组,但不会创建新的对象;

(2) *view*()函数:浅复制模式,会创建一个基于原始数组的视图数组,即原始数组与复制后的数组是一对数据一致但表现可以不同的数组;

(3) *copy*()函数:深复制模式,即我们平时理解的复制函数,它会新建一个与原始数组一样的数组对象,且两者互相独立。

输入如下代码示例可体会三种"复制"操作的区别与联系:

```
>>> a = np.arange(4)
>>> b = a
>>> b is a
True
>>> b.shape = 2,2
>>> a.shape
(2,2)

>>> c = a.view()
>>> c is a
False
>>> c.base is a
True
>>> c.shape = 1,4
>>> a.shape
(2,2)
>>> c[0,1] = 9
>>> a
```

```
array([[0,9],
       [2,3]])


>>>  d = a.copy()
>>>  d is a
False
>>>  d.base is a
False
>>>  d[0,0] = 9
>>>   a
array([[0,9],
       [2,3]])
```

函数 $numpy.ix\_(*args)$ 可以将 N 维序列重组为不同规格的数组，即可以将 N 个一维序列转换成 N 个 N 维的 $1*1\cdots*x*1*\cdots$ 数组，其中 x 为相对应的一维序列的长度，x 的位置即为相对应的一维序列的位置。通过这样的重组机制，可以很方便地实现很多目标功能，例如使用多个一维数组中的元素组成的三元组进行计算，示例代码如下：

```
>>>   a = np.array([1,3,6])
>>>   b = np.arange(5)
>>>   c = np.array([2,9,5,5])
>>>   ax,bx,cx = np.ix_(a,b,c)
>>>   ax
array([[[1]],

       [[3]],

       [[6]]])
>>>  bx
array([[[0],
        [1],
        [2],
        [3],
        [4]]])
>>>  cx
array([[[2,9,5,5]]])
>>>   ax.shape,bx.shape,cx.shape
((3,1,1),(1,5,1),(1,1,4))
>>>   result = ax- bx * cx
>>>   result
```

```
array([[[1,    1,    1,    1],
        [-1,  -8,   -4,   -4],
        [-3, -17,   -9,   -9],
        [-5, -26, -14, -14],
        [-7, -35, -19, -19]],

       [[3,    3,    3,    3],
        [1,   -6,   -2,   -2],
        [-1, -15,   -7,   -7],
        [-3, -24, -12, -12],
        [-5, -33, -17, -17]],

       [[6,    6,    6,    6],
        [4,   -3,    1,    1],
        [2,  -12,   -4,   -4],
        [0,  -21,   -9,   -9],
        [-2, -30, -14, -14]]])
>>> result[2,3,1]
-21
>>> a[2]-b[3] * c[1]
-21
```

除了前述基础的矩阵运算，**NumPy** 还提供了矩阵转置 $transpose()$、矩阵求逆 $np.linalg.inv()$ 等进阶矩阵运算函数，示例代码如下：

```
>>> a = np.arange(4).reshape(2,2)
>>> a
array([[0,1],
       [2,3]])
>>> a.transpose()
array([[0,2],
       [1,3]])
>>> np.linalg.inv(a)
array([[-1.5,  0.5],
       [1.,   0.]])
```

而通过 $sort()$ 函数可以直接对数组按照对应要求进行排序，示例代码如下：

```
>>> a = np.floor(10 * np.random.random((4,5)))
>>> a
array([[7.,  4.,  0.,  9.,  5.],
       [1.,  6.,  2.,  9.,  6.],
```

```
             [0.,   5.,   4.,   6.,   5.],
             [8.,   8.,   2.,   3.,   5.]])
>>> np.sort(a)
array([[0.,   4.,   5.,   7.,   9.],
       [1.,   2.,   6.,   6.,   9.],
       [0.,   4.,   5.,   5.,   6.],
       [2.,   3.,   5.,   8.,   8.]])
>>> np.sort(a,axis= 0)
array([[0.,   4.,   0.,   3.,   5.],
       [1.,   5.,   2.,   6.,   5.],
       [7.,   6.,   2.,   9.,   5.],
       [8.,   8.,   4.,   9.,   6.]])
```

在 **NumPy** 函数包中,通过使用 $np.where()$,$np.extract()$ 等函数设置对应条件以提取满足对应要求的元素,其中函数 $np.where()$ 可以返回满足条件的元素索引,而 $np.extract()$ 可以返回满足条件的元素,示例代码如下:

```
>>> b = np.where(a> 6.5)
>>> b
(array([0,0,1,3,3],dtype= int64),array([0,3,3,0,1],dtype= int64))
>>> a[b]
array([7.,   9.,   9.,   8.,   8.])

>>> b = np.mod(a,3) = = 0
>>> b
array([[False,False,  True,   True,False],
       [False,   True,False,   True,   True],
       [True,False,False,   True,False],
       [False,False,False,   True,False]],dtype= bool)
>>> np.extract(b,a)
array([0.,   9.,   6.,   9.,   6.,   0.,   6.,   3.])
```

值得注意的是,本书介绍了 **NumPy** 函数包的基础函数功能,而其他功能函数,包括线性代数、多项式、傅里叶变换等复杂函数并未全部介绍,读者可在具体的实践中以及 **NumPy** 函数包的官网(https://numpy.org.cn/)获取更为具体的参考信息。

2.3 SciPy 函数包

SciPy 函数包(https://pypi.org/project/scipy/,读作"Sigh Pie")是一个高级的科学计算库,以 **NumPy** 为操作基础开发了丰富的科学计算模块,例如插值运算、优化算法、数学统计等,表 2-4 展示了 **SciPy** 的子模块组成。

表 2-4　SciPy 的子模块组成

模　　块	功　　能
scipy. cluster	聚类
scipy. constans	物理和数学常数
scipy. fftpack	傅里叶变换
scipy. integrate	积分程序
scipy. interpolate	插值
scipy. io	数据输入输出
scipy. linalg	线性代数程序
scipy. misc	杂项函数
scipy. ndimage	n 维图像包
scipy. odr	正交距离回归
scipy. optimize	优化
scipy. signal	信号处理
scipy. sparse	稀疏矩阵
scipy. spatial	空间数据结构和算法
scipy. special	任何特殊数学函数
scipy. stats	统计

由于 Anaconda 平台中已经默认集成了包括 **NumPy**、**SciPy**、**pandas** 等在内的函数包,因此直接引入 **SciPy** 即可。**SciPy** 可利用 **NumPy** 提供的 *ndarray* 进行复杂、高级的科学计算,因此在使用 **SciPy** 时,必须同时导入 **NumPy**。具体导入 **SciPy** 模块的方式如下:

```
>>>  import numpy as np
>>>  from scipy import *
```

其中,星号"＊"代表引入所有模块,如果只是使用部分特定模块,只需把星号替换为前文中介绍的具体模块名称即可。

2.3.1　线性代数运算

前面说到 **NumPy** 中的 *linalg* 模块提供了矩阵转置、求逆等线性代数运算功能,但与 **NumPy** 的线性代数模块相比,*scipy. linalg* 有什么优势呢?

首先,*scipy. linalg* 除了涵盖 *numpy. linalg* 的全部功能之外,还包括一些高级线性代

数解算的函数；此外，使用 *scipy.linalg* 进行线性代数运算时，会默认调用 BLAS/
LAPACK[①]，但是在 **NumPy** 中，BLAS/LAPACK 的调用是可选的。因此在函数运行效率
上，**SciPy** 明显更胜一筹。下面的代码演示了一个简单的速度对比的示例：

```
In [1]:import numpy as np

In [2]:from scipy import linalg

In [3]:a = np.arange(100000000).reshape(10000,10000)

In [4]:% timeit linalg.det(a)
1 loop,best of 3:6.71 s per loop

In [5]:% timeit np.linalg.det(a)
1 loop,best of 3:10.8 s per loop
```

首先，*scipy.linalg* 中基础线性代数函数主要包括求逆 *linalg.inv*()、矩阵乘法 *dot*()、
计算行列式 *linalg.det*()、计算范式 *linalg.norm*()等，针对上述函数，示例代码如下：

```
>>>  import numpy as np
>>>  from scipy import linalg
>>>  a = np.array([[5,2,0,0],[2,1,0,0],[0,0,8,3],[0,0,5,2]])
>>>  a
array([[5,2,0,0],
       [2,1,0,0],
       [0,0,8,3],
       [0,0,5,2]])
>>>  linalg.inv(a)
array([[1.,-2.,  0.,-0.],
       [-2.,  5.,  0.,-0.],
       [0.,  0.,  2.,-3.],
       [0.,  0.,-5.,  8.]])
>>>  a.dot(linalg.inv(a))
array([[1.,  0.,  0.,  0.],
       [0.,  1.,  0.,  0.],
       [0.,  0.,  1.,  0.],
       [0.,  0.,  0.,  1.]])
>>>  linalg.det(a)
```

---

① Linear Algebra PACKage，由美国国家科学基金等资助开发的高性能线性代数程序库：http://
www.netlib.org/lapack/。

```
0.9999999999999998
>>> linalg.norm(a)
11.661903789690601
```

除了计算逆矩阵、行列式、范式等线性代数基本操作之外，SciPy 函数包还提供了线性代数的求解函数，如在学习线性代数的过程中，经常会遇到这样的方程组求解问题：

$$x + 3y + 5z = 10$$
$$2x + 5y + z = 8$$
$$2x + 3y + 8z = 3$$

$scipy.linalg$ 提供的 $solve()$ 函数可以直接对上述问题进行解算。示例代码如下：

```
>>> A = np.array([[1,3,5],[2,5,1],[2,3,8]])
>>> A
array([[1,3,5],
       [2,5,1],
       [2,3,8]])
>>> b = np.array([[10],[8],[3]])
>>> b
array([[10],
       [8],
       [3]])
>>> linalg.solve(A,b)
array([[-9.28],
       [5.16],
       [0.76]])
>>> A.dot(linalg.solve(A,b)) - b
array([[0.00000000e+00],
       [-1.77635684e-15],
       [-1.77635684e-15]])
```

值得注意的是，$solve()$ 函数可用于矩阵求逆，因此 $scipy.linalg$ 还提供了求解线性最小二乘、广义逆、特征值和特征向量等更为复杂的线性代数解算函数，请读者多多探索并在此基础上进行拓展开发。

2.3.2　数据统计

相比于 R 语言，Python 语言在数理统计方面较弱，但 SciPy 函数包中的 $stats$ 模块是一个优秀的数据统计分析包，下面从随机变量与分布模式、统计分析以及核密度估计这三个方面介绍 $stats$ 模块的用法。

1. 随机变量与分布模式

随机变量（Random Variables，RVs）分为两类：离散随机变量和连续随机变量。对于连续随机变量来说，主要有 7 种生成方式，具体如表 2-5 所示。

表 2-5 *scipy. stats* 随机过程函数

函 数	解 释
rvs(*loc*＝0,*scale*＝1,*size*＝1, *random_state*＝*None*)	Random Variates 产生服从指定分布的一个样本,对随机变量随机取值
pdf(*x*,*loc*＝0,*scale*＝1)	Probability Density Function 随机变量的概率密度函数
cdf(*x*,*loc*＝0,*scale*＝1)	Cumulative Distribution Function 随机变量的累积分布函数,它是概率密度函数的积分
sf(*x*,*loc*＝0,*scale*＝1)	Survival Function (1-CDF) 随机变量的生存函数,它的值是 1-cdf
ppf(*q*,*loc*＝0,*scale*＝1)	Percent Point Function (Inverse of CDF) 累积分布函数的反函数
isf(*q*,*loc*＝0,*scale*＝1)	Inverse Survival Function (Inverse of SF) 生存函数的反函数
stats(*loc*＝0,*scale*＝1, *moments*＝'*mv*')	Return mean,variance,skew,or kurtosis 计算随机变量的期望值和方差

上述随机变量生成函数通过 *loc* 和 *scale* 参数控制变量分布的位置和规模,比如在正态分布(normal distribution)中,*loc* 和 *scale* 参数分别代表均值和方差。具体示例代码如下,示例图如图 2-6 所示:

```
>>> from scipy.stats import norm,uniform,logistic
>>> import matplotlib.pyplot as plt
>>> import numpy as np
>>> norm.rvs(size = 5)
array([1.22206285,0.79187702,-0.0841572,-1.16012664,-1.24602887])
>>> norm.cdf(0)
0.5
>>> norm.ppf(0.5)
0.0
>>> norm.rvs(size= 5)
array([1.22206285,0.79187702,-0.0841572,-1.16012664,-1.24602887])
>>> norm.stats(loc= 5,scale= 10,moments= "mv")
(array(5.0),array(100.0))
>>> uniform.cdf([0,1,2,3,4],loc= 2,scale= 4)
array([0.  ,  0.  ,  0.  ,  0.25,  0.5 ])
>>> x = np.linspace(norm.ppf(0.01),norm.ppf(0.99),100)
>>> y = np.linspace(logistic.ppf(0.01),logistic.ppf(0.99),100)
```

```
>>>  fig,ax = plt.subplots()
>>>  ax.plot(x,norm.pdf(x),'r-',label= 'normal')
>>>  ax.plot(y,logistic.pdf(y),'k.',label= 'logistic')
>>>  ax.legend(loc= 'best',frameon= False)
>>>  plt.show()
```

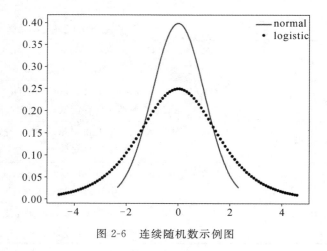

图 2-6   连续随机数示例图

2. 统计分析

$stats$ 模块提供了 $min()$,$max()$ 等一系列基础统计函数,其用法与 **Numpy** 函数包中相关函数类似,示例代码如下:

```
>>>  from scipy import stats
>>>  x = stats.t.rvs(10,size = 1000)
>>>  x.min()
-4.2432742863135156
>>>  x.max()
4.1940818091458123
```

此外,还可以通过 $stats$ 模块的 $mean()$,$var()$ 等函数求数组的均值、方差等,进行类似的汇总统计分析。为了便于对数据的全貌有一个初步的统计印象,$stats$ 模块还提供了 $stats.describe()$ 函数对数组进行全面的基础统计。示例代码如下:

```
>>>  x.mean()
-0.0088874845025622672
>>>  x.var()
1.1650477943381425
>>>  stats.describe(x)
DescribeResult ( nobs = 1000, minmax = ( -4.2432742863135156,
4.1940818091458123),mean= -0.0088874845025622672,variance= 1.1662140083464889,
skewness= -0.10991794870611603,kurtosis= 0.7998764634911417)
```

除了前面的基础统计分析方法,*stats* 模块还提供了随机变量的假设检验方法,如 *t* 检验(*t*-test)、K-S 检验(Kolmogorov-Smirnov test)等。通过 *stats* 模块假设检验方法,可以得到一个包含有统计量(statistic)和 *p* 值(*p*-value)的假设检验结果。

首先进行单样本假设检验,其中单样本 *t* 检验用于检验一个样本平均数与一个已知的总体平均数的差异是否显著;而单样本 K-S 检验用于检验一个经验分布与另一个理论分布是否不同。示例代码如下:

```
>>> stats.ttest_1samp(x,x.mean())
Ttest_1sampResult(statistic= 0.0,pvalue= 1.0)
>>> stats.kstest(x,'norm')
KstestResult(statistic= 0.020739195354476016,pvalue= 0.78292629961100302)
```

针对双样本假设检验,其中双样本 *t* 检验用于检验两个样本平均数与其各自所代表的总体的差异是否显著,双样本 K-S 检验用于检验两个经验分布是否不同,示例代码如下:

```
>>> y = stats.norm.rvs(loc = 5,scale = 10,size = 1000)
>>> stats.ttest_ind(x,y)
Ttest_indResult(statistic = -15.578815725412731,
pvalue = 9.865761342054635e-52)
>>> stats.ks_2samp(x,y)
Ks_2sampResult(statistic = 0.59699999999999998,
pvalue = 6.029599546932299e-157)
```

3. 核密度估计

核密度估计(Kernel density estimation,KDE)在概率论中用来估计未知的密度函数,属于非参数检验方法之一。当需要观察样本的分布时,最简单的方式即通过绘制直方图来展现其分布。然而,不同步长(直方图中柱子的宽度,bins)会导致直方图产生很大的差别,因此如何确定直方图的步距是一个需要注意的问题。此外,直方图展示的分布曲线不是平滑的,无法利用样本的邻域信息。综合这两点原因,采用平滑的峰值函数("核")对样本分布进行拟合,从而对真实的概率分布曲线进行模拟,即是核密度估计方法的基本原理。因此,我们可以把核密度估计看成是直方图的延伸版本。

以单变量估计(Univariate estimation)为例,以下代码展示了如何利用 *scipy.stats* 实施核密度估计,结果如图 2-7 所示:

```
>>> x = stats.norm.rvs(loc = 5,scale = 2,size = 200)
>>> kde1 = stats.gaussian_kde(x)
>>> kde2 = stats.gaussian_kde(x,bw_method = 'silverman')

>>> fig = plt.figure()
>>> ax = fig.add_subplot(111)
>>> ax.plot(x,np.zeros(x.shape)+ 0.002,'kx',markersize = 1.6)
>>> ax.hist(x,bins = 50,normed = True,color = 'gold',alpha = 0.5)
>>> x_eval = np.linspace(-5,15,num = 50)
>>> ax.plot(x_eval,kde1(x_eval),'b- ',label = "Scott's Rule")
```

```
>>> ax.plot(x_eval,kde2(x_eval),'r-',label = "Silverman's Rule")
>>> plt.legend()
>>> plt.show()
```

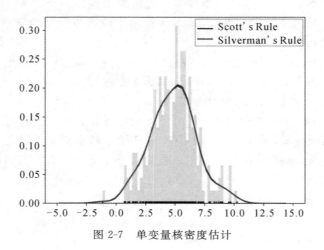

图 2-7　单变量核密度估计

2.3.3　聚类方法

$scipy.cluster$ 是 **SciPy** 下的聚类分析模块，它包含两个部分：

（1）$scipy.cluster.vq$：矢量化聚类模块，仅支持矢量量化（vector quantization）和 K-均值（K-means）算法。

（2）$scipy.cluster.hierarchy$：层次聚类分析模块，提供层次聚类方法。

以常用的矢量化聚类模块为例，其主要包括的函数如表 2-6 所示。

表 2-6　*scipy.cluster.vq* 中的主要函数

函　　　数	解　　　释
whiten(obs[,check_finite])	以每个矢量特征为基础使一组观测值归一化（normalization）。 输入：obs：*ndarray*，行代表观测值，列代表特征维度；check_finite：bool，可选，需要判断输入数组是否仅包含有限数。默认为 True。 输出：result：*ndarray*，标准化后的数组
vq(obs,code_book[,check_finite])	根据聚类中心将所有数据进行分类。 输入：code_book：*ndarray*，聚类中心。 输出：code：*ndarray*，各个数据的类别；dist：*ndarray*，观测值与聚类中心的距离
kmeans(obs,k_or_guess[,iter,thresh,...])	输入：k_or_guess：int/*ndarray*，聚类数目；iter：int，可选，循环次数，最终返回损失最小的那一次的聚类中心。 输出：codebook；distortion，同 dist

具体来说,使用 **SciPy** 进行 K-均值聚类的示例代码如下,结果如图 2-8 所示:

```
>>> import numpy as np
>>> from scipy.cluster.vq import vq,kmeans,whiten
>>> import matplotlib.pyplot as plt
>>> pts = 100
>>> a = np.random.multivariate_normal([0,0],[[4,1],[1,4]],size = pts)
>>> b = np.random.multivariate_normal([30,15],[[15,3],[3,1]],size = pts)
>>> features = np.concatenate((a,b))
>>> whitened = whiten(features)
>>> codebook,distortion = kmeans(whitened,2)
>>> plt.scatter(whitened[:,0],whitened[:,1])
>>> plt.scatter(codebook[:,0],codebook[:,1],c = 'r')
>>> plt.show()
```

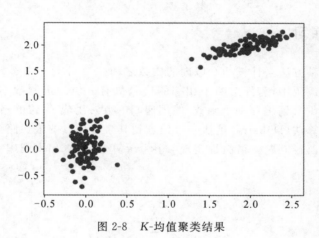

图 2-8　K-均值聚类结果

SciPy 函数包中的层次模块包括层次聚类、集群计算统计以及集群可视化分析等功能。一个完整的层次聚类过程示例代码如下,结果如图 2-9 所示:

```
>>> import numpy as np
>>> from scipy.cluster.hierarchy import dendrogram,linkage
>>> from scipy.stats import norm
>>> import matplotlib.pyplot as plt
>>> X = norm.rvs(size = 10) +10
>>> Z = linkage(X,'single')
>>> plt.figure()
>>> dn = dendrogram(Z)
>>> plt.show()
```

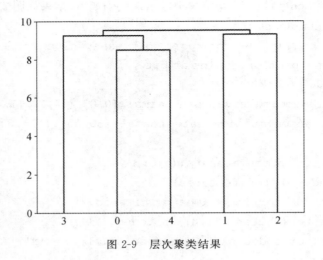

图 2-9　层次聚类结果

2.4　思考与练习

1. 利用至少两种方法来计算 200 以内的质数之和。

2. 在一组数的编码中,若任意两个相邻的代码只有一位二进制数不同,则称这种编码为格雷码(Gray Code),请编写一个函数,使用递归的方法生成 N 位的格雷码。

3. 迪杰斯特拉算法(Dijkstra)是从一个顶点到其余各顶点的最短路径的经典算法,解决的是有向图中最短路径问题。请编程实现 Dijkstra 算法,并求出下图中 A 到 D 的最短距离及其路径。

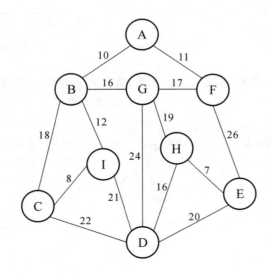

第3章 Python 语言基础数据文件处理

使用 Python 编程语言高效地处理文件是进行数据处理与分析的核心通道,本章将针对基础的数据文件类型介绍对应的函数包及其 I/O 操作,以实现文件批处理与结果输出保存。

3.1 基础数据文件处理函数包

3.1.1 Python 标准库

Python 语言自带的标准库(https://docs.python.org/3/library/index.html)中提供了基础数据文件处理方法,其中内嵌函数 *open*()可用于打开一个文件并创建一个文件(*file*)对象,以对该文件对象进行读(*read*(),*readlines*(),…)、写(*write*(),*writelines*(),…)等操作。这些操作函数被集成于 Python 标准库的 io 模块,但多针对单文件的操作。而在 Python 的 os 模块提供了多种与操作系统相关的功能接口,其中包括丰富的文件及目录处理方法,如 *os.path* 模块用于获取文件路径信息,*os.chdir* 模块用于指定当前工作目录等;此外,Python 语言还提供了 shutil 模块,是与 os 模块互补的高级文件操作模块,提供了大量的文件高级操作,特别是文件或文件夹的新建、删除、查看、压缩、解压等目录和文件操作。结合上述几种功能模块,能够实现强大的文件及文件夹批处理功能,也是 Python 语言的重要特色之一。

逗号分隔值(Comma-Separated Values,CSV)是最常用的一种数据文件格式,而且常被用于中转数据格式。Python 标准库中提供了一个 csv 模块,专门用于 csv 数据文件的读写操作。默认情况下,csv 文件读写使用“,”作为分隔符,其中双引号表示引用;而针对部分特殊情况,也可以指定对应的分割字符。此外,也可通过 *Dictreader* 和 *Dictwriter* 类以字典的形式进行 csv 数据的读入与写出。

上述数据处理函数均为 Python 语言内置模块,在使用前将对应模块引入(import)即可。而之后最为常用的 *open*()函数虽然也属于 io 模块,但它同时也是 Python 内嵌函数,因此当仅使用 *open*()函数打开指定文件时,不需要提前引入 io 模块。为了便于运行本章之后的示例代码,首先引入以下几个函数模块:

```
>>> import os
>>> import os.path
>>> import shutil
>>> import csv
```

3.1.2　**Pandas**

数据分析函数包 **Pandas**(Python Data Analysis Library)由 Wes McKinney 等人开发和维护(http://pandas.pydata.org/),它是基于 **Numpy** 开发的一种数据分析工具集,旨在为数据分析任务提供强大而灵活的工具支持,能够在 Windows、Linux 和 MacOS 多平台上安装使用。**Pandas** 最初被作为金融数据分析工具而开发,它的名称来源于经济学术语面板数据(Panel data)和 Python 数据分析(Python data analysis)。**Pandas** 纳入了大量函数库和多个标准数据模型,提供了操作大型数据集所需的高效函数工具,便于读者快速、便捷、高效地处理多种数据。

类似于 **Numpy** 的核心是 *ndarray*,**Pandas** 也有其核心数据结构,主要包括以下三类:

(1)一维序列结构 *Series*:与 **Numpy** 中的一维 *array* 和数据结构 *List* 比较类似,但 *List* 中的元素可以对应不同数据类型,而 *array* 和 *Series* 中则只允许存储相同的数据类型,以提升内存效率,进而提高运算效率;

(2)二维的表格型数据结构 *DataFrame*:与 **R** 语言中的表格数据结构 data.frame 类似,很多功能与 R 语言的操作函数类似,可视作 *Series* 类型数据的容器;

(3)三维的结构化数据 *Panel*:承载数据的三维数据结构,由 items、major_axis、minor_axis 构成,每个 items 都对应一个 *DataFrame* 对象,major_axis 和 minor_axis 分别对应行索引与列索引,可视作 *DataFrame* 的容器。

与 **Numpy**、**scipy** 等 Python 函数包相同,**Pandas** 也已经被集成于 Anaconda,因此,如果安装了 Anaconda 发行版,则可直接使用 **Pandas**。当然,也可以使用前面介绍的通过 conda 安装 **Pandas**:

```
conda install pandas
pip install pandas
```

同样,在使用 **Pandas** 之前,需要将其引入 Python 工作空间:

```
>>>  import pandas as pd
```

3.2　基础数据文件读写

为了便于数据读写,在进行数据文件操作之前,可以提前规定存放待处理数据的文件夹为工作目录(working directory),则在之后的处理过程中,在默认路径情况下所有数据文件(原始数据文件、中间数据文件以及结果数据文件)都将存放在该目录下。具体来说,可以使用 os 模块的 *chdir*() 函数设定工作目录,使用 *getcwd*() 函数可以查看当前目录,示例代码如下,可将目录设定为 E:\Python_course\Chapter3\Data①:

---

①　此工作目录是作者为了之后代码的顺利运行而约定,读者可根据需要自行指定其他 Windows 目录作为工作目录,在对应代码处修改目标工作目录路径值即可;如果使用 Mac OS 或 Linux 操作系统,请按照对应目录路径格式进行赋值,在此不再赘述。

```
>>>  import os
>>>  os.chdir(r'E:\Python_course\Chapter3\Data')
>>>  os.getcwd()
'E:\\Python_course\\Chapter3\\Data'
```

3.2.1 基础数据文件读入

在进行文件操作前,需要打开对应的数据文件。使用 $open()$ 函数打开文件,如果目标文件无法打开,则会抛出系统错误。$open$ 函数的具体形式如下所示:

```
open(file,mode = 'r',buffering = -1,encoding = None,errors = None,
newline = None,closefd = True,opener = None)
```

其中,各参数具体含义如下:

(1)参数 $file$:所要打开的文件对象,可以是绝对路径或者相对路径。

(2)参数 $mode$:打开文件对象的模式,具体模式如表 3-1 所示,其中后四种模式需要与前四种模式组合使用。

表 3-1　$open()$ 函数打开文件方式

参　　数	描　　述
r	√ read 只读模式:文件不存在则报错; √ 文件存在则打开文件,将指针指向文件的开头
w	write 只写模式: √ 文件不存在则新建文件; √ 文件存在则打开并且清空文件
x	xor 异或模式: √ 文件存在则报错; √ 文件不存在则新建文件。 但此参数只能进行写出操作
a	append 追加模式: √ 文件不存在则新建文件; √ 文件存在则打开并将指针指向文件结尾。 但此参数只能进行写出操作
b	bytes 位模式: 可以进行读写操作,进行读写的数据类型为 bytes 类型,如 'rb'
t	text 文本模式:默认值指定文件类型为文本格式,如 'rt'
＋	plus 增强模式:可以使得任何基本模式变为读写模式,如 'w＋'
U	universal newlines 通用换行符模式: 读写文件时,文件中所有的\n,\r,\r\n 被默认转换为\n

47

（3）参数 *buffering*：用于设置缓冲区策略的可选整型参数，*buffering* ＝0 表示关闭缓冲区，仅在二进制模式下有效；*buffering* ＝1 表示在文本模式下使用行缓冲区方式；*buffering* ＞1 表示缓冲区的设置大小；如果没有指定 *buffering* 参数，则根据文件类型，采取相应的策略。

（4）参数 *encoding*：文件编码方式，可通过 Python 标准库中的 *codecs* 模块（https://docs. python. org/3/library/codecs. html♯module-codecs）查看 Python 支持的编码方式。

（5）参数 *errors*：一个可选的字符串类型参数，用来指明编码和解码错误时怎样处理，不能在二进制的模式下使用。

（6）参数 *newline*：用来控制文本模式下的换行符，默认是''None''，'\n'，'\r'和'\r\n'等。

（7）参数 *closefd*：表示传入的 *file* 参数类型（缺省为 True），传入文件路径时一定为 True，传入文件句柄则为 False。

（8）参数 *opener*：实现自己定义的打开文件方式。

当成功打开文件后，*open*（）函数会返回一个 *file* 对象，根据参数 *mode* 和参数 *buffering* 的设定，返回的 *file* 对象分为以下三种类型：

（1）文本流（text stream）：默认模式或者"t"模式下打开文件将会返回字符串类型的 *file* 对象（str objects），即文本流。

（2）二进制流（binary stream）：使用"b"模式打开文件会返回字节型对象（bytes objects），即二进制流。

（3）原始数据流（raw stream）：当 *buffering* ＝0 时，会返回原始数据流，对应一种二进制流和文本流的底层构造。

在目标文件打开后，就可以使用对应的文件读写方式对目标文件对象进行读、写等文件操作。根据不同的读、写方式，文件对象将以不同的形式存放。首先让我们来探索以下三种文件读取方式：

1）使用 io 模块读取文件

在 io 模块中，提供了 *read*（），*readline*（），*readlines*（）等文件读取方法，将文件读入后，会根据前文所述文件打开方式，相应地将文件对象以字符串（str，对应 text stream）或者二进制（bytes，对应 binary stream 和 raw stream）的方式存储。

以只读模式为例打开一个文件对象，由于已经规定了工作目录，则只需填入文件的相对路径即可：

```
>>>  f = open('text.txt','r')
```

如果文件不存在，则会抛出一个系统错误，并给出错误码和具体信息，示例代码如下：

```
>>>  f = open('text.txt','r')
Traceback (most recent call last):
  File"< stdin> ",line 1,in < module>
FileNotFoundError:[Errno2] No such file or directory:'text.txt'
```

由前文可知,文件成功打开后,会根据打开模式返回相应类型的 I/O,即 *file* 对象。至此,即可以对它进行后续的相关操作,例如使用 *read*() 函数读取全部 *file* 文件,示例代码如下:

```
>>> f = open('1.txt','r')
>>> type(f)
< class '_io.TextIOWrapper'>
>>> reader = f.read()
>>> type(reader)
< class 'str'>
>>> reader
'读操作示例'
>>> fb = open('1.txt','rb')
>>> type(fb)
< class '_io.BufferedReader'>
>>> readerb = fb.read()
>>> type(readerb)
< class 'bytes'>
>>> readerb
b'\xb6\xc1\xb2\xd9\xd7\xf7\xca\xbe\xc0\xfd'
```

文件打开并完成处理之后,需要调用 *close*() 函数关闭它,否则会持续占用操作系统的内存资源:

```
>>> f.close()
>>> fb.close()
```

由于文件读写时,可能因为文件自身问题而产生系统错误,而一旦出错,后面的 *close*() 函数就不会被调用。因此,需要引入一些小技巧来保证文件的正确关闭。其中一种方式是使用 *try-finally* 机制来实现,但是写法繁琐;此外,Python 提供了 with 语句来自动地帮我们调用 *close*() 函数,只需两行即可达到要求。两种函数调用方式分别如下:

```
try:
    f = open('1.txt','r')
    print(f.read())
finally:
    if f:
        f.close()
```

```
with open('1.txt','r') as f:
print(f.read())
```

当不需要一次性读取文件全部内容或者数据量过大无法一次性读取全部内容时,可以调用 *read*(*size*) 方法,限定每次读取内容的字节数。而使用 *readline*() 方法可以每次读取文件的逐行内容,*readlines*() 函数则可以读取文件所有内容,但会按行返回一个 *list*,每一行内容对应 *list* 对象的一个元素。几种读取文件的方法示例如下:

首先使用 *read(size)* 函数读取 csv 文件前 10 个字符,示例代码如下:

```
>>> with open('Dublin_PrimarySchools.csv','r') as f:
...     print(f.read(10))
...
OBECJTID,C
```

通过 *readline()* 函数可以对文件按行读取,示例代码如下:

```
>>> with open('Dublin_PrimarySchools.csv','r') as f:
...     print(f.readline())
...
OBECJTID,COUNTY,SCHOOL,ADDRESS,ROLL_NUMBE,PHONE,ENROLLMENT,GENDER,
GAELTACHT,DENOMINATI,DIOCESE,PARISH,EASTING_,NORTHING
```

readlines() 函数将读取文件所有行并返回一个 *list*,可以对 *list* 进行遍历按行输出,示例代码如下:

```
>>> with open('readtest.csv','r') as f:
...     type(f.readlines())
...
< class 'list'>


>>> with open('readtest.csv','r') as f:
...     for line in f.readlines():
...         print(line)
...
OBECJTID,COUNTY,SCHOOL,ADDRESS,ROLL_NUMBE,PHONE,ENROLLMENT,GENDER,
GAELTACHT,DENOMINATI,DIOCESE,PARISH,EASTING_,NORTHING


9,Dublin Fingal,ST BRIGIDS MXD N S,CASTLEKNOCK   DUBLIN 15,00697S,01
8214040,784,Mixed,Ordinary School,CATHOLIC,DUBLIN,CASTLEKNOCK,309052.109,
237325.229
```

2) 使用 csv 模块读取 CSV 文件

对于 CSV 文件的读取,除了可以使用 io 模块提供的 *read()*,*readline()*,*readlines()* 等函数之外,还可以使用 csv 模块的 *csv.reader()* 函数和 *csv.DictReader()* 类。*csv.reader()* 函数会返回一个 *reader* 对象,这个 *reader* 对象将遍历目标 csv 文件中的每一行。*reader* 对象将每一行数据当作列表返回,使用示例如下,此处逻辑为先循环打印出 *reader* 对象的每一行里面的第二个(也就相当于第二列),再选择打印出来的这些数据中的第二个(也就相当于第二行),效果为打印出第二行第二列数据:

```
>>> with open('Dublin_PrimarySchools.csv') as csvfile:
...     csvreader = csv.reader(csvfile)
```

```
...    print(type(csvreader))
...    print([row[1] for row in csvreader][1])]
...
< class '_csv.reader'>
Dublin Fingal
```

csv. DictReader( )类和 *csv. reader*( )函数类似,均返回一个 *reader* 对象,但 *csv. DictReader*( )类返回的 *reader* 对象是 *DictReader* 对象,即 CSV 文件的每一个单元格都放在一个字典对象内,而这个字典对象的键则是这个单元格的标题(即列名称)。可观察如下示例代码及其效果:

```
>>> with open('Dublin_PrimarySchools.csv', 'r') as csvfile:
...    reader = csv.DictReader(csvfile)
...    print(type(reader))
...    print([row for row in reader][1])
...
< class 'csv.DictReader'>
OrderedDict([('OBECJTID', '10'), ('COUNTY', 'Dublin Belgard/South'), ('
SCHOOL', 'LUCAN B N S'), ('ADDRESS', 'LUCAN   CO DUBLIN'), ('ROLL_NUMBE', '
00714P'), ('PHONE', '01 6281857'), ('ENROLLMENT', '535'), ('GENDER', 'Boys'),
('GAELTACHT', 'Ordinary School'), ('DENOMINATI', 'CATHOLIC'), ('DIOCESE', '
DUBLIN'), ('PARISH', 'LUCAN'), ('EASTING_', '303668.595'), ('NORTHING', '
235478.395')])
```

3) 使用 **Pandas** 包读取文件

Pandas 也提供了一系列不同格式的数据文件读写方法,其中数据文件读取的主要函数及其读取的数据格式和数据类型如表 3-2 所示。

表 3-2 **Pandas 数据文件读取函数**

函　　数	格式类型	数据描述
read_csv( )	text 文本数据格式	CSV 数据文件
read_table( )	text 文本数据格式	表格数据文件
read_json( )	text 文本数据格式	JSON 数据文件
read_html( )	text 文本数据格式	HTML 数据文件
read_clipboard( )	text 文本数据格式	本地剪贴板数据
read_excel( )	binary 二进制格式	微软 Excel 数据文件
read_hdf( )	binary 二进制格式	HDF5 格式数据文件
read_feather( )	binary 二进制格式	Feather 格式数据文件

续表

函　数	格式类型	数据描述
read_parquet()	binary 二进制格式	Parquet 格式数据文件
read_msgpack()	binary 二进制格式	Msgpack 格式数据文件
read_stata()	binary 二进制格式	Stata 格式数据文件
read_sas()	binary 二进制格式	SAS 格式数据文件
read_pickle()	binary 二进制格式	Python 的 pickle 格式数据文件
read_sql()	SQL 格式	SQL 数据文件
read_gbq()	SQL 格式	Google Big Query 数据文件

以读取表格数据为例，**Pandas** 提供了 *read_csv*() 和 *read_table*() 两种方法。它们使用相同的解析方式，将表格数据文件转换为 *DataFrame* 对象。示例代码如下：

```
>>> df = pd.read_csv('Dublin_PrimarySchools.csv')
>>> type(df)
< class 'pandas.core.frame.DataFrame'>
```

如果不需要读取表格数据的所有列，可以通过 *usecols* 参数指定要读取的列，示例代码如下：

```
>>> df = pd.read_csv('Dublin_PrimarySchools.csv', usecols= ['OBECJTID',
'COUNTY', 'SCHOOL'])
>>> df.head(2)
   OBECJTID                COUNTY            SCHOOL
0         9       Dublin Fingal   ST BRIGIDS MXD N S
1        10  Dublin Belgard/South      LUCAN B N S
```

在 *read_csv*() 和 *read_table*() 两个函数中，还有很多其他的自定义参数，能够灵活便捷地读取更多格式或要求的数据，读者可自行根据资料进行探索，在此不再赘述。

3.2.2　基础数据文件写出

1. 使用 io 模块写文件

使用 Python 标准库 io 模块写文件与读文件基本一致，只需要注意控制文件的读写模式。同样，通过 with 机制进行文件写出可以避免很多麻烦，结合 *write*() 和 *writelines*() 函数进行写出操作，运行以下示例代码，结果如图 3-1 所示：

```
contens= ['\nhello world', '\n123']
with open('1.txt', 'a') as f:
f.write('\n 写操作示例')
f.writelines(contens)
```

(a) 原始文件　　　　　　　(b) 结果文件

图 3-1　io 模块写出操作结果

2. 使用 csv 模块写 CSV 文件

对于 CSV 文件，还可以使用 csv 模块中的 *csv.writer*()函数和 *csv.DictWriter*()类进行写出操作。运行如下示例代码，可以发现在工作目录中出现了两个新的 CSV 文件，读者可通过打开文件或者读取文件查看文件内容，结果如图 3-2 所示：

```
with open('writetest.csv' ,'w', newline = '') as csvfile:
    csvwriter= csv.writer(csvfile)
    csvwriter.writerow(['COUNTY', 'SCHOOL'])
    csvwriter.writerow(['Dublin Fingal', 'ST BRIGIDS MXD N S'])
    csvwriter.writerow(['Dublin Belgard/South', 'LUCAN B N S'])

w ith open('writetest2.csv' ,'w') as csvfile:
    fields= ['COUNTY', 'SCHOOL']
    writer= csv.DictWriter(csvfile, fieldnames= fields)

    writer.writeheader()
    writer.writerow({'COUNTY': 'Dublin Fingal', 'SCHOOL': 'ST BRIGIDS
MXD N S'})
     writer.writerow ({'COUNTY': 'Dublin Belgard/South', 'SCHOOL': '
LUCAN B N S'})
```

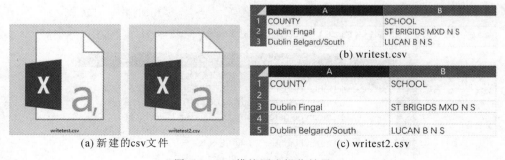

(a) 新建的csv文件　　　　　　(c) writest2.csv

图 3-2　csv 模块写出操作结果

3. 使用 Pandas 写文件

在 **Pandas** 中，也提供了丰富的数据文件写出方法，如表 3-3 所示。

表 3-3　Pandas 数据文件写出函数

函　数	格式类型	数据描述
to_csv()	text 文本数据格式	CSV 数据文件
to_json()	text 文本数据格式	JSON 数据文件
to_html()	text 文本数据格式	HTML 数据文件
to_clipboard()	text 文本数据格式	本地剪贴板数据
to_excel()	binary 二进制格式	微软 Excel 数据文件
to_hdf()	binary 二进制格式	HDF5 格式数据文件
to_feather()	binary 二进制格式	Feather 格式数据文件
to_parquet()	binary 二进制格式	Parquet 格式数据文件
to_msgpack()	binary 二进制格式	Msgpack 格式数据文件
to_stata()	binary 二进制格式	Stata 格式数据文件
to_pickle()	binary 二进制格式	Python 的 pickle 格式数据文件
to_sql()	SQL 格式	SQL 数据文件
to_gbq()	SQL 格式	Google Big Query 数据文件

具体来说，**Pandas** 为 *Series* 和 *DataFrame* 对象提供了数据写出的方法。依然以表格数据的写出为例，运行如下示例代码，其中参数 *index* 设置为"False"，表示写出 CSV 文件时不添加索引，结果如图 3-3 所示：

```
>>> data = df.head(5)
>>> data
   OBECJTID             COUNTY                    SCHOOL
0         9       Dublin Fingal        ST BRIGIDS MXD N S
1        10  Dublin Belgard/South           LUCAN B N S
2        11  Dublin Belgard/South    CLOCHAR LORETO N S
3        12         Dublin City   MATER DEI PRIMARY SCHOOL
4        32       Dublin Fingal          S N NA H- AILLE
>>> data.to_csv('writetest3.csv', index= False)
```

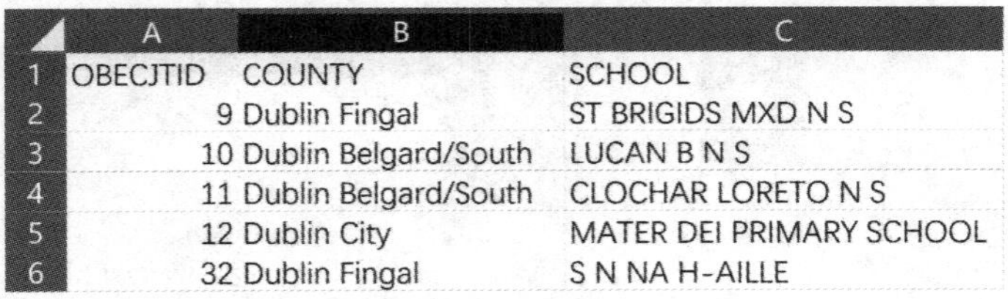

	A	B	C
1	OBECJTID	COUNTY	SCHOOL
2	9	Dublin Fingal	ST BRIGIDS MXD N S
3	10	Dublin Belgard/South	LUCAN B N S
4	11	Dublin Belgard/South	CLOCHAR LORETO N S
5	12	Dublin City	MATER DEI PRIMARY SCHOOL
6	32	Dublin Fingal	S N NA H-AILLE

图 3-3　**Pandas** 包文件写出操作结果

3.3 基础数据文件操作与处理

3.3.1 文件和目录操作

Python 标准库中的 os 模块、*os. path* 模块和 *shutil* 模块提供了大量的文件、文件夹和文件目录的操作方法,例如前文中规定工作目录使用的 *chdir*() 函数。表 3-4 列出了一些常用的操作函数与方法。

表 3-4　os 模块、os. path 模块和 shutil 模块操作文件、文件夹及目录的常用方法

方　　法	描　　述
os. listdir()	返回指定目录下的所有文件和目录名
os. chdir()	更改目录
os. getcwd()	获取当前工作目录
os. remove()	删除一个文件
os. removedirs()	删除多个目录
os. path. split()	返回一个路径的目录名和文件名
os. path. splitext()	分离扩展名
os. path. dirname()	获取路径名
os. path. basename()	获取文件名
os. makedirs()	创建多级目录
os. rename()	重命名文件(目录)
os. mkdir()	创建单个目录
os. path. getsize()	获取文件大小
os. path. join()	连接两个或更多的路径名组件
os. mknod()	创建空文件
shutil. copyfile()　*shutil. copy*()	复制文件
shutil. copytree()	复制文件夹
shutil. move()	移动文件(目录)

通过以下示例代码,可体会如何操作文件、文件夹及目录。首先在示例文件夹下创建图 3-4(a) 中除"1. txt"和"testdir"文件夹之外的其他文件,执行以下代码。其中 *shutil. copyfile*() 函数通过复制"1. txt"新建了一个复制文件"2. txt";*os. mkdir*() 函数创建了一个"testdir"目录,需要注意的是,使用该函数创建的目录必须不在当前路径下;通过 *os. walk*() 函数可以遍历整个文件夹。工作目录的文件结构及遍历文件夹打印的信息结果如图 3-4(b)所示。

```
import os
import os.path
```

```
import shutil
os.chdir(r'E:\Python_course\Chapter3\Data')
rootdir= 'E:\Python_course\Chapter3\Data'
shutil.copyfile(os.path.join(rootdir, '1.txt'), os.path.join(rootdir,
'2.txt'))
os.mkdir('testdir')
for parent, dirnames, filenames in os.walk(os.getcwd()):
    for dirname in dirnames:
        print("parent is: ", parent)
        print("dirname is: ", dirname)

    for filename in filenames:
        print("parent is: ", parent)
        print("filename is: ", filename)
        print("the full name of the file is: ",
os.path.join(parent,filename))
```

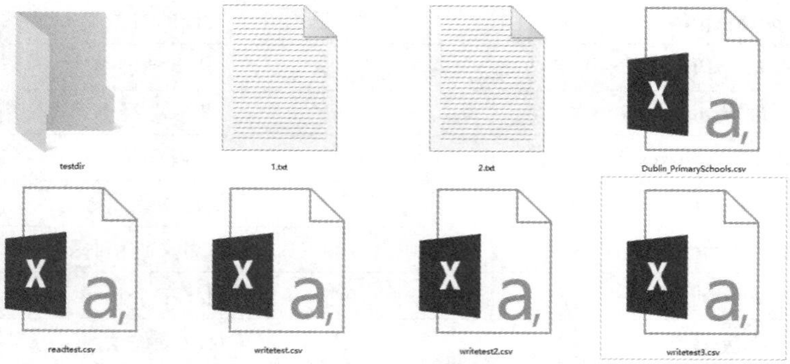

(a) Data文件夹下的文件

(b) 打印结果

图 3-4　文件和目录操作结果

3.3.2 基础数据文件处理

在掌握基础数据文件的读写操作之后,还需要进一步掌握如何处理基础数据文件。**Pandas** 作为一个备受欢迎的数据处理分析包,提供了强大的基础数据处理支持,下面就详细介绍如何使用 **Pandas** 进行基础数据分析。

1. 数据查看

在读取数据文件后,首先需要对读取的数据有一个大致的了解,最直接的方式就是在屏幕上打印出读入的所有数据。但当数据文件的数据量过大时,打印出全部的数据并不是一个明智的方法。**Pandas** 提供了 $DataFrame.head(n)$ 和 $DataFrame.tail(n)$ 函数来查看 $DataFrame$ 头部的 n 行数据和尾部的 n 行数据,默认 $n=5$:

```
>>> df.head(1)
   OBECJTID        COUNTY                SCHOOL
0         9  Dublin Fingal  ST BRIGIDS MXD N S
>>> df.tail(1)
     OBECJTID             COUNTY                    SCHOOL
420      3156  Dublin Belgard/South  GAELSCOIL CHLUAIN DOLCAIN
```

可以直接查看 $DataFrame$ 的索引、列字段列表(表头)、底层的 **Numpy** 数据以及不同列的数据类型等属性,示例代码如下:

```
>>> df.index
RangeIndex(start= 0, stop= 421, step= 1)
>>> df.columns
Index(['OBECJTID', 'COUNTY', 'SCHOOL'], dtype= 'object')
>>> df.values
array([[9, 'Dublin Fingal', 'ST BRIGIDS MXD N S'],
       [10, 'Dublin Belgard/South', 'LUCAN B N S'],
       [11, 'Dublin Belgard/South', 'CLOCHAR LORETO N S'],
       ...,
       [3116, 'Dublin Fingal', 'CASTAHEANY EDUCATE TOGETHER NS'],
       [3117, 'Dublin Fingal', 'TYRRELSTOWN EDUCATE TOGETHER'],
        [3156, 'Dublin Belgard/South', 'GAELSCOIL CHLUAIN DOLCAIN']],
dtype= object)
>>> df.dtypes
OBECJTID    int64
COUNTY     object
SCHOOL     object
dtype:object
```

此外,**Pandas** 中的 $DataFrame.describe()$ 函数可以对数据进行一个基础的描述性统计,包括计数(count)、标准差(std)、均值(mean)、最大(max)最小值(min)等信息,它们不仅可以用来描述数值型数据,也可以用于描述字符串、时间戳等类型数据以及混合类型数据,其输出的统计结果,会根据数据类型的不同而有所区别,比如对字符串类型数据进行描述性统计时,则不会输出最大值、最小值等只有数值数据才有的属性,示例代码如下:

```
>>> df.describe(include= 'all')
          OBECJTID          COUNTY         SCHOOL
count    421.000000            421            421
unique          NaN              4            402
top             NaN    Dublin City   SCOIL MHUIRE
freq            NaN            188              6
mean    2100.612827            NaN            NaN
std      834.778933            NaN            NaN
min        9.000000            NaN            NaN
25%     1493.000000            NaN            NaN
50%     2433.000000            NaN            NaN
75%     2717.000000            NaN            NaN
max     3156.000000            NaN            NaN
```

2. 数据选择与索引

除了可以使用标准的 **Python** 和 **Numpy** 中提供的选择和索引的方法:使用索引操作符"[]"索引和属性操作符"."索引之外,我们还可以使用 **Pandas** 特有的更加高效的访问数据的方法如".at"、".iat"、".loc"、".iloc 和".ix"等进行数据的花式检索。

回顾之前学过的基本索引方式,首先,可以通过指定列从而输出对应的列序列值,如 df.COUNTY ＝df['COUNTY'];其次,也可以通过切片选取相应的行数据,示例代码如下:

```
>>> df.COUNTY.head()
0            Dublin Fingal
1    Dublin Belgard/South
2    Dublin Belgard/South
3              Dublin City
4            Dublin Fingal
Name: COUNTY, dtype:object
>>> df['COUNTY'].head()
0            Dublin Fingal
1    Dublin Belgard/South
2    Dublin Belgard/South
3              Dublin City
4            Dublin Fingal
Name: COUNTY, dtype:object

>>> df[:4:2]
```

```
        OBECJTID              COUNTY                    SCHOOL
0            9        Dublin Fingal    ST BRIGIDS MXD N S
2           11   Dublin Belgard/South  CLOCHAR LORETO N S
```

通过 **Pandas** 提供的".at"、".iat"、".loc"、".iloc 和".ix"方法，可以对数据进行更加快速、便捷的索引。其中，".loc"通过标签进行索引；".iloc"通过序号（位置）进行索引；".ix"是".loc"和".iloc"的混合，可以通过标签或者位置进行索引；".at"和".iat"用于快速访问标量数据，".at"是加速版的".loc"，".iat"是加速版的".iloc"。

为了更好地解释".loc"和".iloc"的区别，我们可先创建一个以 a、b、c、d、e 字母为索引，A、B、C 为列名的 *DataFrame*：

```
>>> df1 = pd.DataFrame(np.random.randn(5,3), index= list('abcde'),
columns= list('ABC'))
>>> df1
          A          B          C
a   -1.822598    1.344922    0.907508
b    0.734790   -0.332801   -0.744084
c   -0.716994   -0.365489    1.911784
d    0.824032    0.235832   -1.343278
e    0.704545   -0.113676   -1.203996
```

此外，可以使用".loc"通过标签来获取一整行数据，或者使用".iloc"通过序号获取。如果使用".loc"时误输入序号或者使用".iloc"时误输入标签，则会抛出一个 TypeError。如果使用".ix"方法，则既可以使用标签索引，又可以使用序号来进行索引。值得注意的是，在 **Pandas0.20.0** 及其以后的版本中，不推荐使用".ix"，也即读者只能在 Python2 版本中调用".ix"方法，在 Python3 版本中建议使用上述其他函数。通过如下示例代码有助于掌握上述知识：

```
>>> df1.loc['a']
A    -1.822598
B     1.344922
C     0.907508
>>> df1.loc[0]
Traceback (most recent call last):

TypeError: cannot do label indexing on < class 'pandas.core.indexes.
base.Index'>  with these indexers [0] of < class 'int'>

>>> df1.iloc[0]
A    -1.822598
B     1.344922
C     0.907508
```

```
Name: a, dtype: float64
>>> df1.iloc['a']
Traceback (most recent call last):

TypeError: cannot do positional indexing on < class 'pandas. core.
indexes.base.Index'>  with these indexers [a] of < class 'str'>

>>> df1.ix['a']
A    -1.822598
B    1.344922
C    0.907508
Name: a, dtype: float64
>>> df1.ix[0]
A    -1.822598
B    1.344922
C    0.907508
Name: a, dtype: float64
```

此外,可以列出标签列表或者序号列表,从而在多个轴上进行索引。在如下示例中,分别使用".loc"".iloc"和".ix"三种方式选择第 1、4、2 行数据:

```
>>> df1.loc[['a','d','b'], :]
          A          B          C
a    -1.822598   1.344922   0.907508
d     0.824032   0.235832  -1.343278
b     0.734790  -0.332801  -0.744084
>>> df1.iloc[[0,3,1], :]
          A          B          C
a    -1.822598   1.344922   0.907508
d     0.824032   0.235832  -1.343278
b     0.734790  -0.332801  -0.744084
>>> df1.ix[['a','d','b'], :]
          A          B          C
a    -1.822598   1.344922   0.907508
d     0.824032   0.235832  -1.343278
b     0.734790  -0.332801  -0.744084
>>> df1.ix[[0,3,1], :]
          A          B          C
a    -1.822598   1.344922   0.907508
d     0.824032   0.235832  -1.343278
```

60

b   0.734790   -0.332801 -0.744084

下面使用".loc"".iloc"和".ix"三种方式选择第 1、3 列数据：

```
>>> df1.loc[:, ['A','C']]
           A          C
a    -1.822598  0.907508
b     0.734790  -0.744084
c    -0.716994  1.911784
d     0.824032  -1.343278
e     0.704545  -1.203996
>>> df1.iloc[:, [0,2]]
           A          C
a    -1.822598  0.907508
b     0.734790  -0.744084
c    - 0.716994 1.911784
d     0.824032  -1.343278
e     0.704545  -1.203996
>>> df1.ix[:, ['A','C']]
           A          C
a    - 1.822598 0.907508
b     0.734790  -0.744084
c    - 0.716994 1.911784
d     0.824032  -1.343278
e     0.704545  -1.203996
>>> df1.ix[:, [0,2]]
           A          C
a    -1.822598  0.907508
b     0.734790  -0.744084
c    -0.716994  1.911784
d     0.824032  -1.343278
e     0.704545  -1.203996
```

如下代码展示了通过".loc"".iloc"和".ix"三种方式对标签和序号进行切片索引：

```
>>> df1.loc['a':'d', 'A':'B']
           A          B
a    -1.822598  1.344922
b     0.734790  -0.332801
c    -0.716994  -0.365489
d     0.824032  0.235832
>>> df1.iloc[:4, :2]
```

61

```
          A          B
a     -1.822598   1.344922
b      0.734790  -0.332801
c     -0.716994  -0.365489
d      0.824032   0.235832
>>> df1.ix['a':'d', 'A':'B']
          A          B
a     -1.822598   1.344922
b      0.734790  -0.332801
c     -0.716994  -0.365489
d      0.824032   0.235832
>>> df1.ix[:4, :2]
          A          B
a     -1.822598   1.344922
b      0.734790  -0.332801
c     -0.716994  -0.365489
d      0.824032   0.235832
```

值得注意的是,.ix 与.iloc 的计数方式不太一样,.ix[:3,:]即取行数到三的所有行,而.iloc[:3,:]则是取前三行。上述方法的更多区别和用法,读者可自行根据实际案例或教程进行进一步探索。示例代码如下:

```
>>> df.ix[:3, :]
   OBECJTID  COUNTY  SCHOOL
0   9   Dublin Fingal   ST BRIGIDS MXD N S
1   10  Dublin Belgard/South   LUCAN B N S
2   11  Dublin Belgard/South   CLOCHAR LORETO N S
3   12  Dublin CityMATER DEI PRIMARY SCHOOL
>>> df.iloc[:3, :]
OBECJTID  COUNTY  SCHOOL
0   9   Dublin Fingal   ST BRIGIDS MXD N S
1   10  Dublin Belgard/South   LUCAN B N S
2   11  Dublin Belgard/South   CLOCHAR LORETO N S
```

通过制定行和列的标签或位置,可以直接获取标量。与另外三种标量访问方式相比,".at"和".iat"可以快速地对标量进行访问,示例代码如下:

```
>>> df1.loc['a', 'A']
-1.8225975894272024
>>> df1.at['a','A']
-1.8225975894272024

>>> df1.iloc[0, 0]
```

```
-1.8225975894272024
>>> df1.iat[0, 0]
-1.8225975894272024

>>> df1.ix[0, 0]
-1.8225975894272024
>>> df1.ix['a','A']
-1.8225975894272024
>>> df1.ix['a',0]
-1.8225975894272024
```

与前文中 **Numpy** 的索引方式类似，**Pandas** 也可以通过运算符、*where filter* 以及 *isin*()
函数来对数据进行布尔索引。需要注意的是，**Pandas** 中支持的逻辑运算符与 Python 原生
的逻辑运算符有所区别，具体如表 3-5 所示。

表 3-5　Pandas 与 Python 中逻辑运算符对比

逻辑运算符描述	Pandas	Python
布尔"与"	&	*and*
布尔"或"	|	*or*
布尔"非"	~	*not*

通过如下示例代码有助于掌握如何采用布尔型索引操作数据：
```
>>> df1[df1.A < 0]
          A          B          C
a   -1.822598   1.344922   0.907508
c   -0.716994  -0.365489   1.911784
>>> df1[df1 > 0]
          A          B          C
a     NaN       1.344922   0.907508
b   0.734790     NaN        NaN
c     NaN        NaN       1.911784
d   0.824032   0.235832     NaN
e   0.704545     NaN        NaN
>>> df1[(df1.B > 0) | (df1.C > 0)]
          A          B          C
a   -1.822598   1.344922   0.907508
c   -0.716994  -0.365489   1.911784
d   0.824032   0.235832   -1.343278
```

```
>>> df1[df1.index.isin(['a', 'f', 'g'])]
         A         B         C
a   -1.822598  1.344922  0.907508
```

3. 缺失值处理

首先需要创建一个含有空值的数据。*reindex*()方法可以对指定轴上的索引进行改变、增加或删除操作,并返回原始数据的一个拷贝,示例代码如下:

```
>>> df2 = df1.reindex(list('agcfebhd'))
>>> df2
         A         B         C
a   -1.822598  1.344922  0.907508
g      NaN       NaN       NaN
c   -0.716994 -0.365489  1.911784
f      NaN       NaN       NaN
e    0.704545 -0.113676 -1.203996
b    0.734790 -0.332801 -0.744084
h      NaN       NaN       NaN
d    0.824032  0.235832 -1.343278
```

在处理缺失值之前,需要将用于标示缺失值的 Python 原生的"None"值与 **Pandas** 和 **Numpy** 中的"NaN"区别开来,避免误用与混用。

None 是一个 Python 语言定义的特殊数据类型,而 NaN 是一个特殊的 float 型数据,示例代码如下:

```
>>> type(None)
< class 'NoneType'>
>>> type(np.nan)
< class 'float'>
```

在 **Pandas** 中,如果其他的数据都是数值类型,**Pandas** 会把 None 自动替换成 NaN;否则,**Pandas** 将会根据赋予的值来确定,运行如下代码有助于感受其区别与联系:

```
>>> s = pd.Series([1,2,3,4])
>>> s
0    1
1    2
2    3
3    4
dtype: int64
>>> s.ix[0] = None
>>> s
0    NaN
1    2.0
```

```
2    3.0
3    4.0
dtype: float64
>>> s = pd.Series(list('abcd'))
>>> s
0    a
1    b
2    c
3    d
dtype:object
>>> s.ix[0] = None
>>> s.ix[1] = np.nan
>>> s
0    None
1    NaN
2    c
3    d
dtype:object
```

判断"NaN"的等值性时,不能用"=="来判断,可以使用 **Numpy** 和 **Pandas** 提供的专门函数去处理,示例代码如下:

```
>>> None == None
True
>>> np.nan == np.nan
False
```

虽然 **Numpy** 和 **Pandas** 能够很好地处理"NaN",但是如果遇到"None"就会报错。因此,为了避免麻烦,在使用 **Pandas** 处理含有缺失值的数据时,可以将缺失值统一处理成"NaN",以避免后续使用函数过程中报错。

Pandas 提供了 *dropna*()函数,可以非常便捷地去掉包含缺失值的数据行。*fillna*()函数可以以指定的方式对缺失值进行填充,*interpolate*()会根据指定的算法对缺失值进行插值处理,而 *replace*()函数可以将空值替换为指定数据。注意,执行上述函数不会改变原数据。示例代码如下:

```
>>> df2.dropna()
          A          B          C
a   -1.822598   1.344922   0.907508
c   -0.716994  -0.365489   1.911784
e    0.704545  -0.113676  -1.203996
b    0.734790  -0.332801  -0.744084
d    0.824032   0.235832  -1.343278
```

65

```
>>> df2.fillna(0)
           A          B          C
a    -1.822598   1.344922   0.907508
g     0.000000   0.000000   0.000000
c    -0.716994  -0.365489   1.911784
f     0.000000   0.000000   0.000000
e     0.704545  -0.113676  -1.203996
b     0.734790  -0.332801  -0.744084
h     0.000000   0.000000   0.000000
d     0.824032   0.235832  -1.343278
>>> df2.fillna(method= 'pad')
           A          B          C
a    -1.822598   1.344922   0.907508
g    -1.822598   1.344922   0.907508
c    -0.716994  -0.365489   1.911784
f    -0.716994  -0.365489   1.911784
e     0.704545  -0.113676  -1.203996
b     0.734790  -0.332801  -0.744084
h     0.734790  -0.332801  -0.744084
d     0.824032   0.235832  -1.343278
>>> df2.interpolate()
           A          B          C
a    -1.822598   1.344922   0.907508
g    -1.269796   0.489717   1.409646
c    -0.716994  -0.365489   1.911784
f    -0.006224  -0.239583   0.353894
e     0.704545  -0.113676  -1.203996
b     0.734790  -0.332801  -0.744084
h     0.779411  -0.048484  -1.043681
d     0.824032   0.235832  -1.343278
>>> df2.replace(np.nan, 5)
           A          B          C
a    -1.822598   1.344922   0.907508
g     5.000000   5.000000   5.000000
c    -0.716994  -0.365489   1.911784
f     5.000000   5.000000   5.000000
e     0.704545  -0.113676  -1.203996
b     0.734790  -0.332801  -0.744084
```

```
h    5.000000    5.000000    5.000000
d    0.824032    0.235832   -1.343278
```

4. 合并与分组

在处理数据文件时,经常会遇到对数据文件进行合并或分组的操作。**Pandas** 提供了丰富的函数方法,能够便捷地对 *Series*,*DataFrame* 和 *Panel* 对象进行合并及分组操作。

首先,*concat*()函数、*append*()函数以及数据库风格的 *merge*()和 *join*()函数可用来进行合并操作,通过指定相关参数,来实现不同的合并操作。为了进行示例,首先创建四个用于合并的 *DataFrame*:

```
>>> df1 = df.ix[:3, :2]
>>> df1
```

	OBECJTID	COUNTY
0	9	Dublin Fingal
1	10	Dublin Belgard/South
2	11	Dublin Belgard/South
3	12	Dublin City

```
>>> df2 = df.ix[1:4, :2]
>>> df2
```

	OBECJTID	COUNTY
1	10	Dublin Belgard/South
2	11	Dublin Belgard/South
3	12	Dublin City
4	32	Dublin Fingal

```
>>> df3 = df.ix[3:6, 1:]
>>> df3
```

	COUNTY	SCHOOL
3	Dublin City	MATER DEI PRIMARY SCHOOL
4	Dublin Fingal	S N NA H - AILLE
5	Dublin City	CENTRAL INFS SCHOOL
6	Dun Laoghaire - Rathdown	ST MARYS NATIONAL SCHOOL

```
>>> df4 = df.ix[4:7, 1:]
>>> df4
```

	COUNTY	SCHOOL
4	Dublin Fingal	S N NA H- AILLE
5	Dublin City	CENTRAL INFS SCHOOL
6	Dun Laoghaire - Rathdown	ST MARYS NATIONAL SCHOOL
7	Dublin Belgard/South	BALLYROAN B N S

```
>>> df5 = df.ix[:3, ['OBECJTID', 'SCHOOL']]
>>> df5
```

```
     OBECJTID                  SCHOOL
0         9           ST BRIGIDS MXD N S
1        10                   LUCAN B N S
2        11           CLOCHAR LORETO N S
3        12   MATER DEI PRIMARY SCHOOL
>>> df6 = df.ix[:3, 2:]
>>> df6
                    SCHOOL
0       ST BRIGIDS MXD N S
1               LUCAN B N S
2       CLOCHAR LORETO N S
3   MATER DEI PRIMARY SCHOOL
```

默认情况下，*concat*()函数会将数据纵向合并，结果如图 3-5 所示，通过合并操作，将df1，df2 和 df3 纵向堆叠起来，缺失值赋为"NaN"。

```
>>> result1 = pd.concat([df1,df2,df3], ignore_index= True)
>>> result1
```

```
    OBECJTID              COUNTY           OBECJTID              COUNTY
0       9        Dublin Fingal        1        10   Dublin Belgard/South
1      10   Dublin Belgard/South     2        11   Dublin Belgard/South
2      11   Dublin Belgard/South     3        12           Dublin City
3      12           Dublin City      4        32        Dublin Fingal
            (a) df1                              (b) df2
```

```
                       COUNTY                         SCHOOL
3               Dublin City     MATER DEI PRIMARY SCHOOL
4               Dublin Fingal            S N NA H-AILLE
5               Dublin City          CENTRAL INFS SCHOOL
6   Dun Laoghaire - Rathdown   ST MARYS NATIONAL SCHOOL
                           (c) df3
```

```
                        COUNTY   OBECJTID                    SCHOOL
0               Dublin Fingal        9.0                       NaN
1        Dublin Belgard/South       10.0                       NaN
2        Dublin Belgard/South       11.0                       NaN
3                Dublin City        12.0                       NaN
4        Dublin Belgard/South       10.0                       NaN
5        Dublin Belgard/South       11.0                       NaN
6                Dublin City        12.0                       NaN
7               Dublin Fingal       32.0                       NaN
8                Dublin City         NaN   MATER DEI PRIMARY SCHOOL
9               Dublin Fingal        NaN            S N NA H-AILLE
10               Dublin City        NaN       CENTRAL INFS SCHOOL
11  Dun Laoghaire - Rathdown       NaN   ST MARYS NATIONAL SCHOOL
                           (d) result1
```

图 3-5　*concat*()函数纵向合并结果

此外，也可以通过参数 *axis* 指定合并方向，使 axis＝1，即可沿着横轴合并，结果如图3-6所示。

```
>>> result2 = pd.concat([df2, df3], axis = 1)
```

```
                OBECJTID              COUNTY
        1          10  Dublin Belgard/South
        2          11  Dublin Belgard/South
        3          12          Dublin City
        4          32        Dublin Fingal
```
(a) df2

```
                        COUNTY                      SCHOOL
        3         Dublin City    MATER DEI PRIMARY SCHOOL
        4       Dublin Fingal            S N NA H-AILLE
        5         Dublin City        CENTRAL INFS SCHOOL
        6  Dun Laoghaire - Rathdown  ST MARYS NATIONAL SCHOOL
```
(b) df3

```
>>> result2
   OBECJTID              COUNTY                      COUNTY  \                SCHOOL
1      10.0  Dublin Belgard/South                         NaN                   NaN
2      11.0  Dublin Belgard/South                         NaN                   NaN
3      12.0          Dublin City         Dublin City  MATER DEI PRIMARY SCHOOL
4      32.0        Dublin Fingal       Dublin Fingal          S N NA H-AILLE
5       NaN                   NaN         Dublin City      CENTRAL INFS SCHOOL
6       NaN                   NaN  Dun Laoghaire - Rathdown  ST MARYS NATIONAL SCHOOL
```
(c) result2

图 3-6 *concat*() 函数横向合并结果

通过指定参数 join＝'inner'，则仅对待合并数据中都有的数据行进行合并，即取数据的交集，结果如图 3-7 所示。

```
>>> result3 = pd.concat([df2, df3], axis = 1, join = 'inner')
```

```
                OBECJTID              COUNTY
        1          10  Dublin Belgard/South
        2          11  Dublin Belgard/South
        3          12          Dublin City
        4          32        Dublin Fingal
```
(a) df2

```
                        COUNTY                      SCHOOL
        3         Dublin City    MATER DEI PRIMARY SCHOOL
        4       Dublin Fingal            S N NA H-AILLE
        5         Dublin City        CENTRAL INFS SCHOOL
        6  Dun Laoghaire - Rathdown  ST MARYS NATIONAL SCHOOL
```
(b) df3

```
   OBECJTID        COUNTY        COUNTY                      SCHOOL
3        12   Dublin City   Dublin City    MATER DEI PRIMARY SCHOOL
4        32  Dublin Fingal  Dublin Fingal            S N NA H-AILLE
```
(c) result3

图 3-7 *concat*() 函数横向合并数据交集

通过指定 *join_axes* 参数，可以对特定索引值的数据进行合并操作，结果如图 3-8 所示。

```
>>> result4 = pd.concat([df2, df3], axis = 1, join_axes = [df2.index])
```

```
        OBECJTID              COUNTY
1          10   Dublin Belgard/South
2          11   Dublin Belgard/South
3          12            Dublin City
4          32          Dublin Fingal
```

(a) df2

```
                         COUNTY                     SCHOOL
3                   Dublin City   MATER DEI PRIMARY SCHOOL
4                 Dublin Fingal           S N NA H-AILLE
5                   Dublin City        CENTRAL INFS SCHOOL
6   Dun Laoghaire - Rathdown   ST MARYS NATIONAL SCHOOL
```

(b) df3

```
    OBECJTID              COUNTY          COUNTY                     SCHOOL
1      10   Dublin Belgard/South            NaN                        NaN
2      11   Dublin Belgard/South            NaN                        NaN
3      12            Dublin City    Dublin City   MATER DEI PRIMARY SCHOOL
4      32          Dublin Fingal  Dublin Fingal             S N NA H-AILLE
```

(c) result4

图 3-8　*concat*()函数根据 df2 的索引横向合并

append()函数是 *concat*()函数的简化版本,它只进行纵向合并,即依据索引值进行合并,缺失值也将赋为"NaN",其示例代码和结果如图 3-9、图 3-10 所示。

```
>>> result5 = df1.append(df2)
>>> result6 = df1.append(df4)
```

```
    OBECJTID              COUNTY              OBECJTID              COUNTY
0        9          Dublin Fingal        1        10   Dublin Belgard/South
1       10   Dublin Belgard/South        2        11   Dublin Belgard/South
2       11   Dublin Belgard/South        3        12            Dublin City
3       12            Dublin City        4        32          Dublin Fingal
```
(a) df1   (b) df2

```
    OBECJTID              COUNTY
0        9          Dublin Fingal
1       10   Dublin Belgard/South
2       11   Dublin Belgard/South
3       12            Dublin City
1       10   Dublin Belgard/South
2       11   Dublin Belgard/South
3       12            Dublin City
4       32          Dublin Fingal
```

(c) result5

图 3-9　*append*()函数合并 df1, df2

append()函数也可以一次与多个数据合并,结果如图 3-11 所示。

```
>>> result7 = df1.append([df2, df3])
```

```
     OBECJTID               COUNTY
0       9            Dublin Fingal
1      10       Dublin Belgard/South
2      11       Dublin Belgard/South
3      12            Dublin City
```
(a) df1

```
                    COUNTY                  SCHOOL
4            Dublin Fingal             S N NA H-AILLE
5            Dublin City            CENTRAL INFS SCHOOL
6   Dun Laoghaire - Rathdown   ST MARYS NATIONAL SCHOOL
7        Dublin Belgard/South       BALLYROAN    B N S
```
(b) df4

```
                    COUNTY  OBECJTID                  SCHOOL
0            Dublin Fingal      9.0                     NaN
1       Dublin Belgard/South   10.0                     NaN
2       Dublin Belgard/South   11.0                     NaN
3            Dublin City       12.0                     NaN
4            Dublin Fingal      NaN          S N NA H-AILLE
5            Dublin City       NaN       CENTRAL INFS SCHOOL
6   Dun Laoghaire - Rathdown   NaN   ST MARYS NATIONAL SCHOOL
7       Dublin Belgard/South   NaN          BALLYROAN    B N S
```
(c) result6

图 3-10 $append()$函数合并 df1，df4

```
     OBECJTID               COUNTY
1      10       Dublin Belgard/South
2      11       Dublin Belgard/South
3      12            Dublin City
4      32            Dublin Fingal
```
(a) df2

```
                    COUNTY                  SCHOOL
3            Dublin City    MATER DEI PRIMARY SCHOOL
4            Dublin Fingal             S N NA H-AILLE
5            Dublin City            CENTRAL INFS SCHOOL
6   Dun Laoghaire - Rathdown   ST MARYS NATIONAL SCHOOL
```
(b) df3

```
                    COUNTY  OBECJTID                  SCHOOL
0            Dublin Fingal      9.0                     NaN
1       Dublin Belgard/South   10.0                     NaN
2       Dublin Belgard/South   11.0                     NaN
3            Dublin City       12.0                     NaN
1       Dublin Belgard/South   10.0                     NaN
2       Dublin Belgard/South   11.0                     NaN
3            Dublin City       12.0                     NaN
4            Dublin Fingal      32.0                     NaN
3            Dublin City       NaN   MATER DEI PRIMARY SCHOOL
4            Dublin Fingal      NaN          S N NA H-AILLE
5            Dublin City       NaN       CENTRAL INFS SCHOOL
6   Dun Laoghaire - Rathdown   NaN   ST MARYS NATIONAL SCHOOL
```
(c) result7

图 3-11 $append()$函数合并多个数据

merge()函数根据不同数据之间的相同列进行合并，*join*()函数则根据索引值进行合并，示例代码和结果如图 3-12、图 3-13 所示。

```
>>> result8 = pd.merge(df1, df5, on = 'OBECJTID')
>>> result9 = df1.join(df6)
```

```
   OBECJTID            COUNTY          OBECJTID                    SCHOOL
0         9       Dublin Fingal      0         9        ST BRIGIDS MXD N S
1        10  Dublin Belgard/South   1        10               LUCAN B N S
2        11  Dublin Belgard/South   2        11          CLOCHAR LORETO N S
3        12         Dublin City     3        12  MATER DEI PRIMARY SCHOOL
```
(a) df1 　　　　　　　　　　　　　　　(b) df5

```
     OBECJTID              COUNTY                      SCHOOL
0           9         Dublin Fingal       ST BRIGIDS MXD N S
1          10   Dublin Belgard/South            LUCAN B N S
2          11   Dublin Belgard/South       CLOCHAR LORETO N S
3          12          Dublin City    MATER DEI PRIMARY SCHOOL
```
(c) result8

图 3-12　*merge*()函数根据"OBECJTID"进行合并

```
   OBECJTID             COUNTY                            SCHOOL
0         9       Dublin Fingal        0       ST BRIGIDS MXD N S
1        10  Dublin Belgard/South     1              LUCAN B N S
2        11  Dublin Belgard/South     2         CLOCHAR LORETO N S
3        12         Dublin City       3  MATER DEI PRIMARY SCHOOL
```
(a) df1 　　　　　　　　　　　　　　　(b) df

```
     OBECJTID              COUNTY                      SCHOOL
0           9         Dublin Fingal       ST BRIGIDS MXD N S
1          10   Dublin Belgard/South            LUCAN B N S
2          11   Dublin Belgard/South       CLOCHAR LORETO N S
3          12          Dublin City    MATER DEI PRIMARY SCHOOL
```
(c) result9

图 3-13　*join*()函数根据索引值进行合并

对于分组(groupby)操作，可在以下几个函数或流程中进行实现：

(1) Splitting，按照一些规则将数据分为不同的组；

(2) Applying，对于每组数据分别执行一个函数；

(3) Combining，将结果组合到一个数据结构中。

首先，通过如下代码创建示例数据：

```
>>> data = df.ix[:8, ['COUNTY']]
>>> data['value'] = np.arange(9)
>>> data
                 COUNTY  value
0         Dublin Fingal      0
1   Dublin Belgard/South      1
```

```
2        Dublin Belgard/South        2
3               Dublin City        3
4             Dublin Fingal        4
5               Dublin City        5
6  Dun Laoghaire - Rathdown        6
7        Dublin Belgard/South        7
8               Dublin City        8
```

以'COUNTY'为关键字段进行分组操作,可以看到.groupby操作会返回一个 *DataFrame*GroupBy 对象:

```
>>> grouped = data.groupby('COUNTY')
>>> grouped
```

< pandas.core.groupby.DataFrameGroupBy object at 0x0000025ECD95E860>

对于分组后的对象,可以使用 *first*(), *last*(), *sum*()等函数分别输出每组第一个值、最后一个值以及每组数据的和,示例代码如下:

```
>>> grouped.first()
                          value
COUNTY
Dublin Belgard/South        1
Dublin City                 3
Dublin Fingal               0
Dun Laoghaire - Rathdown    6
>>> grouped.last()
                          value
COUNTY
Dublin Belgard/South        7
Dublin City                 8
Dublin Fingal               4
Dun Laoghaire - Rathdown    6
>>> grouped.sum()
                          value
COUNTY
Dublin Belgard/South       10
Dublin City                16
Dublin Fingal               4
Dun Laoghaire - Rathdown    6
```

还可以使用 *get_group*()函数输出该组数据:

```
>>> grouped.get_group('Dublin City')
   value
```

```
3      3
5      5
8      8
```

5. 时间序列操作

时间序列数据是常见的数据类型之一,**Pandas** 有着简单、强大且高效的功能函数用于处理时间类数据。表 3-6 列出了 **Pandas** 支持的与时间相关的数据类及其创建方式:

表 3-6　Pandas 支持的与时间相关的数据类

类	描　述	创建方式
Timestamp	单个时间戳	*to_datetime*,*Timestamp*
DatetimeIndex	时间戳列表	*to_datetime*,*date_range*,*bdate_range*,*DatetimeIndex*
Period	单个时间段	*Period*
PeriodIndex	时间段列表	*period_range*,*PeriodIndex*

上述时间相关类创建示例代码如下:

```
>>> pd.Timestamp(2018, 12, 5)
Timestamp('2018-12-05 00:00:00')
>>> pd.Period('2018-12-05', freq = 'H')
Period('2018-12-05 00:00', 'H')
>>> pd.to_datetime(['Jul 9, 2018', '2018-6-29', '2018/12/26', '2018.1.1'])
DatetimeIndex(['2018-07-09', '2018-06-29', '2018-12-26', '2018-01-01'],
dtype = 'datetime64[ns]', freq = None)
>>> pd.period_range('2018-12-05', periods = 5, freq = 'H')
PeriodIndex(['2018-12-05 00:00', '2018-12-05 01:00', '2018-12-05 02:00',
'2018-12-05 03:00', '2018-12-05 04:00'], dtype = 'period[H]', freq = 'H')
```

处理时间数据,常常需要转换时区,**Pandas** 提供了十分简便的时区转换方法。首先创建一个以时间戳列表为索引的序列,通过 *tz_localize*() 函数来展示时区,通过 *tz_convert*() 函数进行时区转换,示例代码如下:

```
>>> rng = pd.date_range('1/1/2018 00:00', periods = 5, freq = 'D')
>>> ts = pd.Series(np.random.randn(len(rng)), index = rng)
>>> ts
2018-01-01    0.070090
2018-01-02   -1.617743
2018-01-03    1.147490
2018-01-04   -0.385402
2018-01-05    1.086034
Freq: D, dtype: float64
```

```
>>> ts_utc = ts.tz_localize('UTC')
>>> ts_utc
2018-01-01 00:00:00+ 00:00    0.070090
2018-01-02 00:00:00+ 00:00   -1.617743
2018-01-03 00:00:00+ 00:00    1.147490
2018-01-04 00:00:00+ 00:00   -0.385402
2018-01-05 00:00:00+ 00:00    1.086034
Freq: D, dtype: float64
>>> ts_utc.tz_convert('US/Eastern')
2017-12-31 19:00:00-05:00    0.070090
2018-01-01 19:00:00-05:00   -1.617743
2018-01-02 19:00:00-05:00    1.147490
2018-01-03 19:00:00-05:00   -0.385402
2018-01-04 19:00:00-05:00    1.086034
Freq: D, dtype: float64
```

在处理时间数据时,如果数据和时间索引出现错位,可以使用 $shift()$ 函数操作将数据往前或者往后移,或者使用 $tshift()$ 方法将时间索引整体平移,示例代码如下:

```
>>> ts.shift(1)
2018-01-01         NaN
2018-01-02   -1.457398
2018-01-03   -0.443599
2018-01-04   -0.107463
2018-01-05   -0.110942
Freq: D, dtype: float64
>>> ts.shift(-2)
2018-01-01   -0.107463
2018-01-02   -0.110942
2018-01-03    1.562164
2018-01-04         NaN
2018-01-05         NaN
Freq: D, dtype: float64

>>> ts.tshift(5, freq = 'D')
2018-01-06   -1.457398
2018-01-07   -0.443599
2018-01-08   -0.107463
2018-01-09   -0.110942
2018-01-10    1.562164
```

Freq: D, dtype: float64

asfreq()函数能够改变时间索引的间隔频率,而在其修改间隔频率的同时,也可对数据进行插值处理,示例代码如下:

```
>>>  from pandas.tseries.offsets import Day
>>>  ts = ts[::2]
>>>  ts
2018-01-01   -1.457398
2018-01-03   -0.107463
2018-01-05    1.562164
Freq:2D, dtype: float64


>>>  ts.asfreq(Day())
2018-01-01   -1.457398
2018-01-02          NaN
2018-01-03   -0.107463
2018-01-04          NaN
2018-01-05    1.562164
Freq: D, dtype: float64
>>>  ts.asfreq(Day(), method = 'pad')
2018-01-01   -1.457398
2018-01-02   -1.457398
2018-01-03   -0.107463
2018-01-04   -0.107463
2018-01-05    1.562164
Freq: D, dtype: float64
```

此外,**Pandas** 也支持简单的时间数据的算术运算方法,示例代码如下:

```
>>>  p = pd.Period('2017', freq = 'A-DEC')
>>>  p + 2
Period('2019', 'A-DEC')
>>>  p = pd.Period('2018-01-01', freq = '3D')
>>>  p - 3
Period('2017-12-23', '3D')
```

总之,**Pandas** 是一个功能十分强大的数据分析包,本节中介绍了其中一些常用的功能和基础函数,其他诸多功能读者可自行探索。

3.4　思考与练习

利用本章所讲内容,在示例代码和数据的基础上完成如下练习:

1.选定一个带有多个文件的文件夹,在该文件夹下的每一个文件名的头部加入"test"字符串。

2.读入"Dublin_PrimarySchools.csv"文件,并对该文件做如下处理:

(1)去除文件中的重复值;

(2)去除文件中"GAELTACHT""PARISH"属性项为空的值;

(3)将文件中的"OBECJTID"按照从小到大进行排序并进行文件的存储。

3.读入上一题写入的文件,并对该文件做如下处理:

(1)将文件中的"ENROLLMENT"属性值大小按照从小到大进行排序(排序方法至少为两种),并保存文件。

(2)将数据按照"COUNTY"进行分组,并按照分组写入同一文件夹不同的 CSV 文件中,文件名为"COUNTY"的属性值。

(3)将上述每一个 CSV 文件中的标题栏以及"GAELTACHT"中的属性的大写变成小写,并重新写入一个 CSV 文件中。

(4)将上述重新写入的 CSV 文件中的"address"和"phone"中的属性的空格变为下划线并保存文件。

第 4 章 Python 基础数据可视化

在数据处理和分析过程中,将数据及其处理结果进行可视化,能够加深我们对数据的理解,以便迅速捕捉数据的本质,帮助我们进行合理的分析和决策。本章将介绍如何利用 Python 语言中的函数包工具进行数据的基础表达与可视化。

4.1 基础可视化函数包

4.1.1 Matplotlib

Matplotlib 是 Python 语言的基础 2D 绘图库,由 John D. Hunter 和 Michael Droettboom 等人开发和维护(https://matplotlib.org/)。它以各种硬拷贝格式和跨平台的交互式环境生成高质量图形图件,是 Python 最著名也是最为流行的绘图库之一。通过 **Matplotlib**,开发者仅需要几行代码,便可以生成直方图、功率谱图、条形图、散点图等多种类型的图件。在 **Matplotlib** 函数包中,基础绘图模块为 pyplot,它提供了与 Matlab 类似的函数接口,能够帮助广大用户进行简单快速的基础绘图。对于高阶用户,可以通过面向对象的接口或函数,使用精细化控制绘图参数,如行样式、字体属性、轴属性、背景等参数,完成较为复杂或个性化的图件绘制。

Matplotlib 可以通过 pip 进行安装,命令如下:

```
pip install - U matplotlib
```

也可以使用 conda 进行安装,命令如下:

```
conda install matplotlib
```

如果已经安装好了 Anaconda、Canopy 或者 WinPython 等发行版软件,可以直接使用 **Matplotlib** 函数包,不需要再次安装。

在安装完成后,通过如下方式对其进行引用:

```
>>> import matplotlib
>>> import matplotlib.pyplot as plt
```

4.1.2 Seaborn

Seaborn 函数包由 Michael Waskom 等人开发和维护(http://seaborn.pydata.org/)。它是一个基于 **Matplotlib** 的 Python 可视化库,它在 **Matplotlib** 的基础上进行了更高级的封装,从而使得作图更加简单、便捷。与 **Matplotlib** 相同,**Seaborn** 提供了对 **Numpy**、**Pandas** 中

数据结构的支持,同时支持 **scipy** 中的统计函数并进行统计结果可视化。**Seaborn** 可以作为 **Matplotlib** 的补充,当使用 **Matplotlib** 无法制作出令用户满意的可视化效果时,可以试试 **Seaborn**,或许能得到令人眼前一亮的作品。

Seaborn 函数包可以通过 pip 进行安装,命令如下:

```
pip install seaborn
```

也可以使用 conda 进行安装,命令如下:

```
conda install seaborn
```

Seaborn 函数包已经默认集成于 Anaconda 中,因此在此环境下不需要再次安装。

在完成安装后,使用如下方式对其进行引用:

```
>>> import seaborn as sns
```

4.1.3 Mpld3

Mpld3 函数包由 Jake VanderPlas 等人开发和维护(http://mpld3.github.io/),它将 Python 的核心绘图库 **Matplotlib** 和备受欢迎的 JavaScript 图表库 D3.js[①] 结合在一起,创建了与浏览器兼容的可视化图形。**Mpld3** 允许将 Matlibplot 图形导入 HTML 代码中,形成类似于标准网页、博客或者 IPython notebook[②] 的网页形式。**Mpld3** 效率相对较低,适用于小型或中型数据库,如果数据量过大可能会降低浏览器的处理速度。

Mpld3 可视化的核心思想是首先在 **Matplotlib** 中绘制图形,然后运用 Python 和 JavaScript 插件增加交互功能,最后通过 D3 进行渲染并将其推送到浏览器中。与 **Matplotlib** 相比,**Mpld3** 最大的亮点就在于其丰富的交互式插件。除了内置的缩放、平移和提示工具条等插件外,**Mpld3** 还提供了十分齐全的 API,允许用户自定义插件,为 **Matplotlib** 图形添加了丰富的交互方式,大大增强了其可视化效果。

Mpld3 的 pip 安装方式如下:

```
pip install mpld3
```

在完成安装后,可通过如下方式对其进行引用:

```
>>> import mpld3
```

4.1.4 Bokeh

Bokeh 由 Bryan Van de Ven、Mateusz Paprocki 等人开发和维护(https://github.com/bokeh/bokeh),是一个 Python 交互式可视化库,它提供了风格优雅、简洁的 D3.js 的图形化样式。与适合中小型数据的 **Mpld3** 不同,**Bokeh** 效率较高,可以对流数据等大型数据集进行高效的交互式可视化。使用 **Bokeh** 可以快速便捷地创建交互式图形、仪表板和数据应用程

---

① D3:Data-Driven Documents,数据驱动文件。D3.js 是基于数据的 Javascript 库,它利用现有的 Web 标准,将数据生动形象地可视化出来:https://d3js.org/。

② IPython notebook 即目前的 Jupyter Notebook,是一个可交互的计算环境,允许将可执行代码、富文本、数学公式、图形以及富媒体等结合起来:http://ipython.org/notebook.html,https://jupyter.org/。

序等。

Bokeh 也提供各种媒体如网页、IPython notebook 甚至服务器的输出，可以将 Bokeh 可视化嵌入 flask 和 Django 程序中。**Bokeh** 能与 **NumPy**、**Pandas**、**Blaze** 等函数包中大部分数组或表格式的数据结构完美结合。

与 **Mpld3** 相同，**Bokeh** 允许用户在浏览器中进行交互式操作，如对图形进行缩放、平移交互操作。但与 D3.js 相比，**Bokeh** 的可视化选项相对较少。因此，如果需要更加丰富和复杂的可视化表达，可能依然需要使用 D3.js 来完成。

为了方便各种层次的用户使用，**Bokeh** 提供了以下两个访问接口：

（1）绘图（Plotting）：一个高级接口（higher-level interface），以构建各种可视化图形为核心。

（2）模块（Models）：一个低级接口（low-level interface），为应用程序开发人员提供最大的灵活性。

Bokeh 可以通过 pip 进行安装，命令如下：

```
pip install bokeh
```

这里更推荐使用 conda 进行安装，命令如下：

```
conda install bokeh
```

Bokeh 已经默认集成于 Anaconda 中，不需要再次安装。

在完成安装后，可通过如下方式对其进行引用：

```
>>>  import bokeh
```

4.2　基础可视化

4.2.1　绘图样式基础

形状、大小和颜色是可视化过程中的基础视觉元素。在进行实际绘图之前，首先需要了解绘图样式，主要从点形状（大小）、线型（线宽）、颜色、绘图类型和制图综合等几个方面入手。本节结合 **Matplotlib** 绘图包，详细讲解上述绘图元素的使用，而其他可视化函数包的绘图样式也多是在其基础上略有拓展，在此不再一一赘述。

在绘制散点图或其他含有点形状的图件时，可以通过设置参数 *marker* 来绘制不同形状的点，本章列举了 25 种常用的赋值及形状，效果如图 4-1 所示。

在绘制线状要素时，可以设置参数 *linestyle* 或 *ls*，用来定义线型特征的绘制，**Matplotlib** 中提供了四种线型，分别是点线（dotted）、点划线（dashdot）、虚线（dashed）、实线（solid），效果如图 4-2 所示。

绘图的配色问题是数据表达与可视化的关键，也是最基础的视觉要素。在 **Matplotlib** 中，参数 *color* 用来定义绘制对象的颜色。**Matplotlib** 预先定义了 148 种命名颜色，效果如图 4-3 所示（彩图见附录 2）。

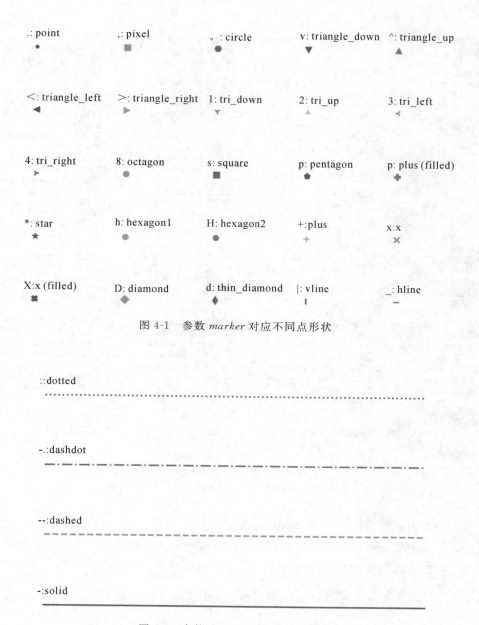

图 4-1　参数 *marker* 对应不同点形状

图 4-2　参数 *linestyle* 对应不同线型

　　读者除了可以通过图 4-3 中的颜色名称设置颜色,也可以通过 RGB 元组、颜色的十六进制或者灰度强度等方式进行颜色表达。例如,蓝色全名"blue",对应的 RGB 或 RGBA 元组为(1,0,1,1)、十六进制为"♯FF00FF"、灰度强度为"0.7"。为了简化颜色表达,blue、green、red、cyan、magenta、yellow、black 和 white 八种颜色还可以通过首字母缩写进行指定。

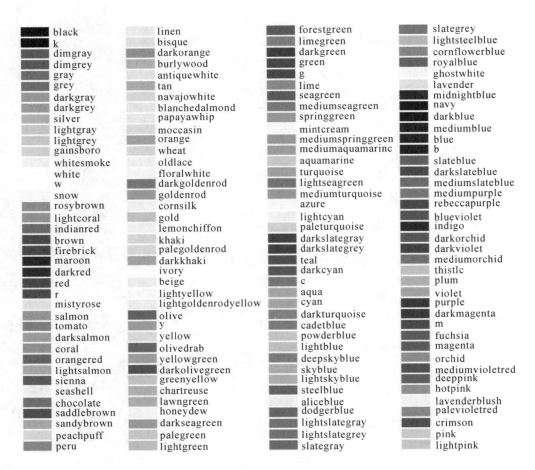

图 4-3　**Matplotlib** 中定义的 148 种颜色

　　为了更好地进行专题图制图，**Matplotlib** 还提供了很多便捷的调色板（colormap），可以用于标识不同类别或不同量级的数据，如图 4-4 所示（彩图见附录 2），读者可根据调色板名称实现对应色系的便捷调用。注意，所有调色板的顺序可以通过"_r"进行反向操作，比如"pink_r"就是"pink"的反向色系。

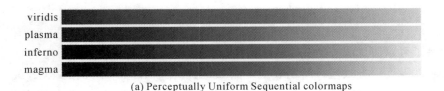

(a) Perceptually Uniform Sequential colormaps

图 4-4　**Matplotlib** 中提供的调色板（1）

(b) Sequential colormaps

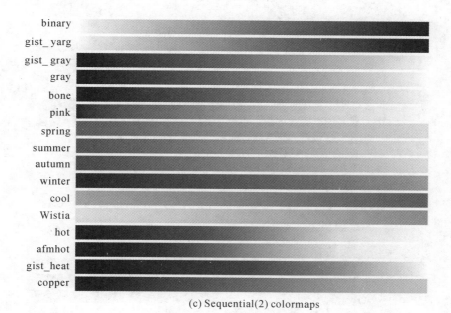

(c) Sequential(2) colormaps

图 4-4 **Matplotlib** 中提供的调色板(2)

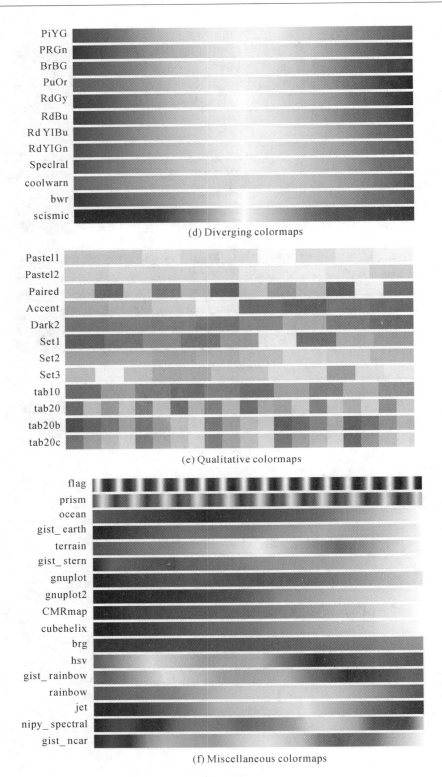

(d) Diverging colormaps

(e) Qualitative colormaps

(f) Miscellaneous colormaps

图 4-4　**Matplotlib** 中提供的调色板（3）

4.2.2 基础数据可视化

首先引入可视化需要的函数包,并读取相关数据。同样地,本章规定"E:\Python_course\Chapter5\Data"为当前工作目录。示例代码如下:

```
>>> import numpy as np
>>> import matplotlib.pyplot as plt
>>> import seaborn as sns
>>> import pandas as pd
>>> import os
>>> os.chdir(r'E:\Python_course\Chapter5\Data')
>>> df = pd.read_csv('scores.csv')
```

为了便于学习,本书提供了示例数据"scores.csv",为某课程期末考试的成绩,它记录了八个字段:ID(学号),fscore(期末考试成绩),groupe(分组组别),class(班级),score1(第一次平时成绩),score2(第二次平时成绩),score3(第三次平时成绩),score(最终综合成绩)。首先通过前面所学的查看数据的方法,对"scores.csv"进行查看,示例代码如下:

```
>>> df.columns
Index(['ID', 'fscore', 'groupe', 'class', 'score1', 'score2', 'score3',
'score'],
      dtype = 'object')
>>> df.dtypes
ID          int64
fscore      int64
groupe      int64
class       int64
score1      int64
score2      int64
score3      int64
score       float64
dtype:object
```

通过绘制简单的直方图来观察成绩的分布状况。具体使用 **Matplotlib** 提供的 $hist()$ 函数进行绘制,此函数只有数据参数为必填参数,其他参数均是可选的。

函数 $hist()$ 会返回 n, $bins$ 和 $patches$ 三个参数:

• 参数 n 是一个数组或一列数组,表示直方图中每个柱子的值(高,纵坐标);

• 参数 $bins$ 是一个数组,表示直方图柱子的边界(横坐标,5 个柱子将返回 6 个横坐标值);

• 参数 $patches$ 是一个列表或一列列表,表示用于创建直方图的 Patch 对象的静态列表。

使用 $hist()$ 函数创建 score 直方图，默认情况下直方图自动地被分为 10 个柱子，其中返回的 n，$bins$，$patches$ 如下所示，生成的直方图如图 4-5 所示。

```
>>> n, bins, patches = plt.hist(df['fscore'])
>>> n
array([ 3.,  5.,  7.,  8., 20., 13., 15., 17.,  4.,  6.])
>>> bins
array([ 49.7, 54.1, 58.5, 62.9, 67.3, 71.7, 76.1, 80.5, 84.9,
89.3, 93.7])
>>> patches
< a list of 10 Patch objects>
>>> plt.show()
```

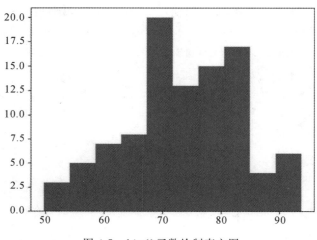

图 4-5　$hist()$ 函数绘制直方图

为了增强可视化效果，可以通过调整可视化参数对上面生成的直方图进一步美化。首先对绘图函数 $hist()$ 中的参数进行指定和调整：

• 参数 $bins$ 与 $hist()$ 函数返回的参数 $bins$ 不同，可以是整型或序列或者"auto"，用于设置直方图的柱子数量，此处将其设置为 50；

• 参数 $density$ 用于指定是否使用频率分布直方图，此处将其设置为 True，则每个条形表示的是频率/组距，默认为 False；

• 参数 $color$ 用于设置颜色；

• 参数 $alpha$ 用于指定透明度，0 为 100％透明，1 为不透明，我们将其设置为 0.75。

此外，还可以通过其他辅助制图函数来对整个可视化效果进行补充和美化，具体包括以下几个函数：

• 函数 $plt.xlabel(s, *args, **kwargs)$，$plt.ylabel(s, *args, **kwargs)$ 用于设定 x，y 坐标轴标签，其中参数 s 表示标签文字字符串。其他可选参数用于控制标签样式，

例如通过设置 horizontalalignment = 'left' 可以控制标签文字在水平方向左对齐。

· 函数 $plt.title(s, *args, **kwargs)$ 用于设置标题,指定标题文字的参数 s 为必填项,其他控制样式的参数均可根据需要自行调整。

· 函数 $plt.text(x, y, s, fontdict = None, withdash = False, **kwargs)$ 可以在可视化图表上添加文字,并支持 LaTex 语法,其中参数 x,y 表示文字位置的横纵坐标,参数 s 表示待添加的文字。

· 函数 $plt.axis(*v, **kwargs)$ 提供了便捷地获取或者设置坐标轴参数的方法,例如,使用 $plt.axis()$ 可以获取当前可视化图形的横纵坐标范围。此处通过 $plt.axis([xmin, xmax, ymin, ymax])$ 设置图形的横轴、纵轴绘图范围,也可以通过 $xlim(xmin, xmax)$ 和 $ylim(ymin, ymax)$ 函数来调整横纵坐标范围。

· $plt.grid(b = None, which = 'major', axis = 'both', **kwargs)$ 函数用来设置绘图格网及其属性,其中参数 b 是一个 bool 型参数,用于指定是否开启格网,类似于 MATLAB 命令,也可以将其赋值为 on 或 off;$which$ 参数可以赋值为 major,minor 或 both,用于控制格网是仅在主要刻度(major tick)处绘制还是在次要刻度(minor tick)处绘制,或者全部绘制;$axis$ 指定格网的方向,可以是 x 轴方向 axis = ' x',y 轴方向 axis = 'y'以及两种方向都有 axis = 'both';只要指定了用于控制样式的关键词参数 $kwargs$,则 b 会被自动设定为 True,即会显示格网。此外,通过 $plt.grid(True)$ 显示格网。

注意,上述函数在可视化包 **Matplotlib** 中是通用的,即可以用于 **Matplotlib** 中其他任何图形制作与优化。运行如下代码,图 4-5 优化后的可视化效果如图 4-6 所示:

```
import matplotlib.pyplot as plt
import pandas as pd
import os
os.chdir(r'E:\Python_course\Chapter5\Data')
df = pd.read_csv('scores.csv')


n, bins, patches = plt.hist(df['score'], 50, density = True, facecolor = 'g', alpha = 0.75)


plt.xlabel('Score')
plt.ylabel('Probability')
plt.title('Histogram of Score')
plt.text(42, .065, r'class3,4,5,8', fontsize = 14, color = 'red')
plt.axis([40, 100, 0, 0.07])
plt.grid(True)
plt.show()
```

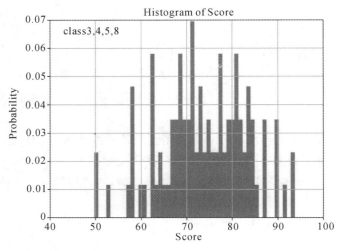

图 4-6　直方图优化后的样式

可以看到，在 **Matplotlib** 函数包中，样式参数十分丰富，自由度也很高，能够很好地支持用户自定义图形绘制。但是，将图形调整为较为美观的样式需要对很多参数进行设置，对于想要快速简便地生成美观图形的用户来说，操作起来并不友好。因此，可以使用基于 **Matplotlib** 的高级封装可视化图形库 **Seaborn** 来绘制图形，它提供了更简单的绘图方法以及高度定制化的图形样式。

针对上述示例，可以使用 **Seaborn** 提供的 $distplot()$ 函数绘制上述直方图，输入待可视化的数据，即可完成绘制，如图 4-7 所示。可以发现：与 **Matplotlib** 的 $hist()$ 函数不同的是，**Seaborn** 的 $distplot()$ 函数会在直方图的基础上，默认绘制一条核密度曲线。

```
>>> sns.distplot(df['score'])
>>> plt.show()
```

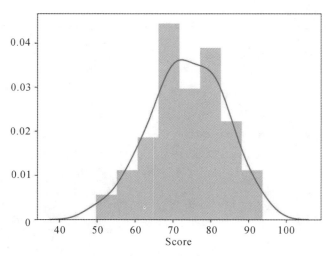

图 4-7　distplot 函数绘制直方图

　　除了核函数曲线绘制功能,*distplot* 还融合了 *rug plot*()函数的绘图功能,可以在绘图的时候,通过指定 rug ＝True 来为每个数据记录绘制一个小的垂线,以辅助用户观察数据分布。同样地,也可以通过指定布尔型参数 *kde* 和 *hist* 的值,来控制核密度曲线和直方图的显示,读者可自行调整代码进行尝试。

　　为了让可视化效果更好,可以通过 **Seaborn** 提供的风格设置函数以及色表盘设置函数控制图形的样式和色彩。*seaborn. set*()函数是一个一次性设置各种样式参数的函数,包括上下文风格 *context*、主题风格 *style*、色系 *palette*、字体 *font*、文字大小 *font_scale*、是否对颜色重新编码 *color_codes* 等参数,其函数定义如下:

```
seaborn.set(context = 'notebook', style = 'darkgrid', palette = 'deep',
font = 'sans- serif', font_scale = 1, color_codes = False, rc = None)
```

　　除了使用 *seaborn. set*()函数进行一步设置之外,对于其中的部分参数,**Seaborn** 也都提供了对应的设置函数,如用于设置主题风格的函数 *seaborn. set_style*()。**Seaborn** 提供了 5 种主题风格,分别是:darkgrid(灰色网格)风格,whitegrid(白色网格)风格,dark(黑色)风格,white(白色)风格和 ticks(十字叉)风格。在绘图之前,用户可使用上述样式设定函数对可视化结果进行设置,即可快速获得具有艺术感的图形结果。

　　下面通过 *sns. set*(*color_codes* ＝*True*)对图形样式进行修改,使用了默认的深色网格等设置,将 *color_codes* 指定为 True,可以根据指定的调色盘参数渲染颜色,使其更加协调。在绘制直方图的过程中,通过指定 kde ＝False 关闭核函数曲线,通过指定 rug ＝True 进行数据记录垂线的绘制。可视化效果如图 4-8 所示。

```
import matplotlib.pyplot as plt
import seaborn as sns
import pandas as pd
import os
os.chdir(r'E:\Python_course\Chapter5\Data')
df = pd.read_csv('scores.csv')
sns.set(color_codes = True)
sns.distplot(df['score'], bins = 50, kde = False, rug = True)


plt.ylabel('Probability')
plt.title('Histogram of Score')
plt.show()
```

　　为了探索期末考试成绩是否与第一次、第二次、第三次成绩密切相关,可以绘制散点图。使用 **Matplotlib** 提供的 *scatter*()函数绘制散点图时,默认情况下只需指定待可视化的数据参数 *x* 和 *y*,即可创建该数据的散点图。首先,观察第一次成绩与期末成绩之间的关系,如图 4-9 所示。

```
import matplotlib.pyplot as plt
import pandas as pd
```

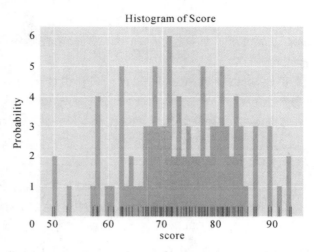

图 4-8　美化 *distplot* 函数绘制的直方图

```
import os
os.chdir(r'E:\Python_course\Chapter5\Data')
df = pd.read_csv('scores.csv')

p lt.scatter(df['fscore'], df['score1'])
plt.xlabel('final score')
plt.ylabel('the score of first test')
plt.title('score1 vs fscore')
plt.show()
```

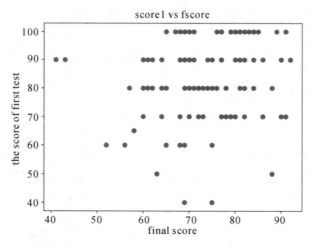

图 4-9　第一次成绩与期末成绩之间的关系

为了一次性查看三次成绩及最后的综合成绩分别与期末成绩的关系,可以通过 *plt.subplot*()来创建多个子图,例如 *plt.subplot*(2,3,1)表示把图分割成 2 * 3 的网格,也可以简写为 *plt.subplot*(231),其中,第一个参数是行数,第二个参数是列数,第三个参数表示图形的标号。由于需要同时展示四幅图,可以使用 *plt.subplot*()将图分割为一个 2 * 2 的网格。

为了美化可视化效果,可以通过设置样式参数来改变图的样式。其中参数 *s* 表示点的大小,*c* 表示点的颜色,*marker* 表示点的样式。运行如下示例代码,效果如图 4-10 所示(彩图见附录 2)。由结果可以看到,前三次成绩与期末成绩并无明显相关性,但是最后的综合成绩与期末成绩呈明显的正相关关系。

```
import matplotlib.pyplot as plt
import pandas as pd
import os
os.chdir(r'E:\Python_course\Chapter5\Data')
df = pd.read_csv('scores.csv')


plt.subplot(221)
plt.scatter(df['fscore'], df['score1'], s = 40, c = (1,0,0,1), marker = "> ")
plt.xlabel('final score')
plt.ylabel('the score of first test')
plt.title('score1 vs fscore')


plt.subplot(222)
plt.scatter(df['fscore'], df['score2'], s = 80, c = '0.7', marker = "+ ")
plt.xlabel('final score')
plt.ylabel('the score of second test')
plt.title('score2 vs fscore')


plt.subplot(223)
plt.scatter(df['fscore'], df['score3'], s = 80, c = "# FF00FF", marker = "1")
plt.xlabel('final score')
plt.ylabel('the score of third test')
plt.title('score3 vs fscore')


plt.subplot(224)
plt.scatter(df['fscore'], df['score'], s = 80, c = df['score'], marker = ".")
```

```
plt.xlabel('final score')
plt.ylabel('the overall band score')
plt.title('score vs fscore')


plt.show()
```

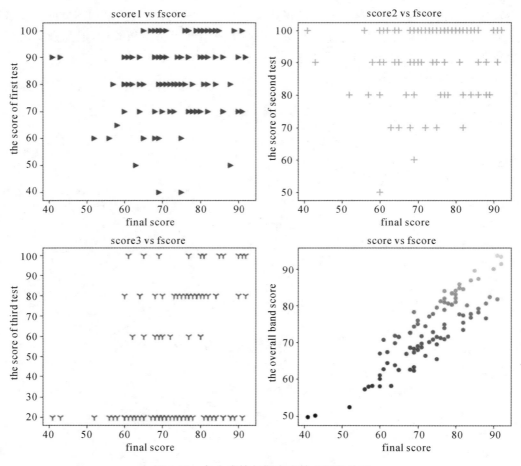

图 4-10　各个成绩与期末成绩之间的关系

　　如果使用 **Seaborn** 可视化包的 *pairplot*() 函数探索多个数据之间的关系，只需要输入一个 *DataFrame*，即可对 *DataFrame* 中所有数值型数据分别做直方图以及它们之间的散点图，如图 4-11 所示。

```
>>>  data = df[['fscore', 'score1', 'score2', 'score3', 'score']]
>>>  sns.set(color_codes = True)
>>>  sns.pairplot(data)
>>>  plt.show()
```

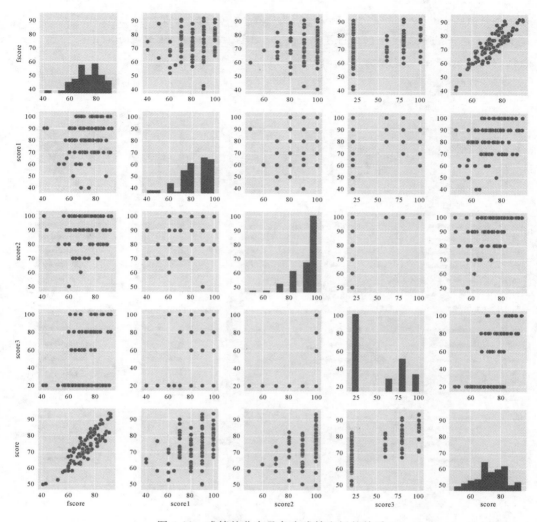

图 4-11　成绩的分布及各个成绩之间的关系

　　而如果你对图 4-11 的效果不满意,可通过 *sns.set*( )函数将网格设置为白色,修改 *pairplot*( )函数中的相关参数,对上述可视化效果进行改进,此处对其做如下修改:

　　·指定绘图样式参数 kind ＝"reg",以绘制线性回归拟合线。参数 *kind* 有两个值:"reg"和"scatter",默认为散点图"scatter"。

　　·指定对角图形类别参数 diag_kind ＝"kde",以将直方图替换为核密度图。参数 *diag_kind* 也有两个选项:"hist"和"kde",默认为直方图"hist"。

　　·为了探索 5 个分数数据的相互关系,指定参数 *vas* 为包含对应变量的向量:'fscore', 'score1', 'score2', 'score3', 'score'。*vas* 表示用于可视化的数据列表的名字,也可以通过参数 *x_vars* 和参数 *y_vars* 分别制定 *x* 和 *y* 方向上用于可视化的数据列表。

通过参数的重新设置,最后效果如图 4-12 所示,读者是否觉得有明显改进呢?

```
>>> sns.set(style = "whitegrid", color_codes = True)
>>> sns.pairplot(df, kind = "reg", diag_kind = "kde", vars = ['fscore',
'score1', 'score2', 'score3', 'score'])
>>> plt.show()
```

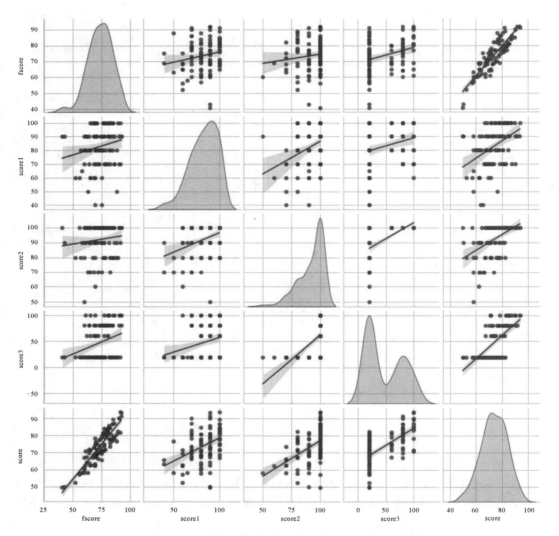

图 4-12　添加拟合线并使用核密度曲线表示分布

使用 **Matplotlib** 提供的 *boxplot*()函数进行绘制,只需输入一组向量数组或者向量序列作为输入数据,即可根据输入数据绘制箱线图。为了表明箱线图对应的数据,可以对参数 *labels* 进行指定,如图 4-13 所示。

```
import matplotlib.pyplot as plt
```

```
import pandas as pd
import os

os.chdir(r'E:\Python_course\Chapter5\Data')
df = pd.read_csv('scores.csv')

plt.boxplot([df['fscore'], df['score1'], df['score2'], df['score3'], df
['score']],
      labels = ['fscore', 'score1', 'score2', 'score3', 'score'])
plt.show()
```

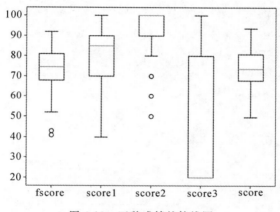

图 4-13　五种成绩的箱线图

为了理解箱线图的含义,我们可以通过 $plt.annotate()$ 函数为箱线图加上必要的注释。$plt.annotate()$ 函数的几个重要参数如下:

· 参数 s 表示注释内容,是字符串类型参数;

· 参数 xy 是一个可迭代的长度为 2 的序列,用于指定注释的位置;

· 参数 $xytext$ 是可选参数,也是一个长度为 2 的可迭代序列,用于指定注释文字放置的位置,如果没有指定,则默认为 xy;

· 参数 $arrowprops$ 用于指定连接注释点和注释文字之间的箭头样式,是一个字典类型的参数,也是可选的。

通过设置相应的图件注释,可以更加清楚地指出,箱线图中最边缘的两条线分别表示数据最大值和最小值,中间箱型的上边界表示上四分位数,箱型的黄色中线表示中位数,箱型的下边界表示下四分位数,最后超出箱线图上下边缘的两个点则为异常点。从图 4-14 中可看出,期末考试成绩在 52～92 分之间浮动,有两个分数在正常范围之外。

```
import matplotlib.pyplot as plt
import pandas as pd
```

```
import os

os.chdir(r'E:\1project\course\python\Python_course\Chapter5\Data')
df = pd.read_csv('scores.csv')

plt.boxplot([df['fscore']], labels = ['final score'])

coord_ylist = [92, 81, 75, 68, 52, 43]
textlist = ['top', 'upper quartile', 'median', 'lower quartile', 'bottom',
'outliers']
for index, text in enumerate(textlist):
    plt.annotate(text, xy = (1.1, coord_ylist[index]), xytext = (1.28,
coord_ylist[index]),
        arrowprops = dict(arrowstyle = '- > '))
plt.title('boxplot')
plt.ylabel('points')
plt.show()
```

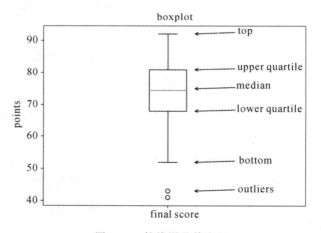

图 4-14　箱线图及其注释

如果需要按照班级或者组别绘制某一分数,如期末考试分数的箱线图,按照前面所讲的方法,则需要先对数据进行分类,再将分类后的数据输入绘图函数中。显然这样的处理方式比较繁琐,可视化包 **Seaborn** 的绘图函数为分类数据的可视化提供了很好的支持,在绘图的时候,通过指定需要分类的字段 x,以及需要绘图的字段 y,即可为 x 字段中所有类别绘制其对应的数据 y 的箱线图。如果需要再做进一步的分类,则可指定参数 hue,将会在 x 字段类别的基础上,再进行 hue 字段的分类。

以绘制期末考试成绩箱线图为例,分别按照班级和组别做 boxplot。指定 x = "class", 使其根据班级分别绘制,如图 4-15 所示。

```
import matplotlib.pyplot as plt
import seaborn as sns
import pandas as pd
import os

os.chdir(r'E:\1project\course\python\Python_course\Chapter5\Data')
df = pd.read_csv('scores.csv')

s ns.set(style = "ticks")
sns.boxplot(x = "class", y = "fscore", data = df, palette = "PRGn")
sns.despine(offset = 10, trim = True)
plt.show()
```

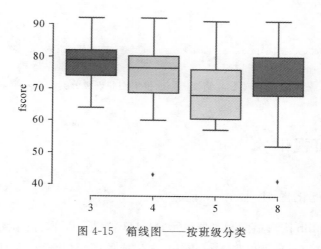

图 4-15   箱线图——按班级分类

同时指定参数 x 和参数 hue,则可以在对 x 进行分类的基础之上,再根据 hue 进行分类,例如指定 x = "groupe",hue = "class",即可在根据组别绘制箱线图的基础上,再根据班级进行分类,如图 4-16 所示。

```
import matplotlib.pyplot as plt
import seaborn as sns
import pandas as pd
import os

os.chdir(r'E:\1project\course\python\Python_course\Chapter5\Data')
df = pd.read_csv('scores.csv')
```

```
sns.boxplot(x = "groupe", y = "fscore", hue = "class",
    data = df, palette = "Set2")
plt.show()
```

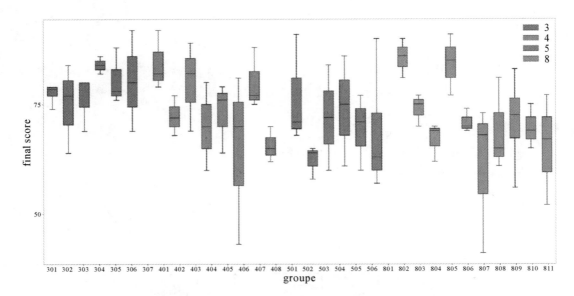

图 4-16　箱线图——按组别和班级分类

4.3　交互式可视化

4.3.1　Web 可视化图形

为了将 **Matplotlib** 图形适配浏览器显示, **Mpld3** 提供了以下三个函数:

· $fig\_to\_html(fig)$:可以将 **Matplotlib** 中生成的图形(figure)转换为 HTML 格式和 JavaScript 代码(string 类型),以便于嵌入任何网页中。此函数需要指定图形对象参数 fig,其他参数可选填。

· $fig\_to\_dict(fig)$:可以将 **Matplotlib** 中生成的图形(figure)转换为一段 json 序列化字典(dict 类型),能够被加载到网页中。函数需要指定图形对象参数 fig,其他参数可选填。需要注意的是,未嵌入 **Mpld3** 的插件无法进行 JSON 序列化。

· $show()$:与 **Matplotlib** 中的 $plt.show()$ 函数功能相同,用于显示图形。它会将当前图形直接推送到网页端,并启动一个本地网站服务器,在操作系统环境满足权限的情况下自动在浏览器中打开该网页。可以通过参数 fig 指定要显示的图形对象,如果没有指定,则默认使用当前环境下激活的图形。

在 IPython notebook 中提供了更加便捷的手段使用 **Mpld3**，具体通过以下函数实现：

- *display*()，在 IPython notebook 中显示图形。通过参数 *fig* 指定要显示的图形对象，如果没有指定，则默认使用当前图形。
- *enable_notebook*()，允许在 IPython notebook 中自动显示 D3 图形。
- *disable_notebook*()，禁止在 IPython notebook 中自动显示 D3 图形。

此外，也可以将可视化图形直接保存为独立的文件，比如 HTML 文件或 JSON 文件。**Mpld3** 提供了如下两种方法将图形保存为对应格式的文件：

- *save_html*(*fig*, *fileobj*)，将 **Matplotlib** 中生成的图形对象（figure）保存为独立的 HTML 文件。需要指定待保存的图形对象 *fig* 以及其保存的文件对象 *fileobj*。
- *save_json*(*fig*, *fileobj*)，将 **Matplotlib** 中生成的图形对象（figure）保存为独立的 JSON 文件。需要指定待保存的图形对象 *fig* 以及其保存的文件对象 *fileobj*。同样地，那些没有嵌入 **Mpld3** 的插件无法进行 JSON 序列化。

此处我们沿用 4.2.2 节中的示例代码，使用 **Matplotlib** 生成的可视化图形，将其推到浏览器端。只需要引入 **Mpld3**，并在图形生成之后使用上述任意方法即可。此处的示例代码中，我们使用直接在网页中显示的 *mpld3.show*() 函数，如图 4-17 所示。通过点击左下角中间的缩放按钮，即可通过鼠标滚轮对图形进行缩放操作，点击左下角左边的主页按钮，即可使图形恢复原样。

```
import matplotlib.pyplot as plt
import pandas as pd
import os
import mpld3


os.chdir(r'E:\Python_course\Chapter5\Data')
df = pd.read_csv('scores.csv')


n, bins, patches = plt.hist(df['score'], 50, density = True, facecolor = 'g', alpha = 0.75)


plt.xlabel('Score')
plt.ylabel('Probability')
plt.title('Histogram of Score')
plt.text(42, .065, r'class3,4,5,8', fontsize = 14, color = 'red')
plt.axis([40, 100, 0, 0.07])
plt.grid(True)


mpld3.show()
```

Bokeh 函数包也提供了将可视化图形适配浏览器或者在 IPython notebook 中显示的

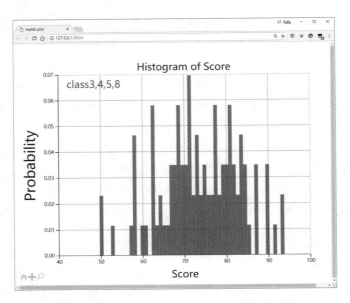

图 4-17 将 **Matplotlib** 中生成的直方图推送到网页

方法：

• 若在浏览器中显示图形对象，可以使用如下方式：

```
from bokeh.plotting import figure, output_file, show
```

...

```
show(p)
```

• 若在 IPython notebook 中显示图形对象，可输入如下代码：

```
from bokeh.io import output_notebook, show
from bokeh.plotting import figure
```

```
output_notebook()
```

...

```
show(p)
```

• 也可以通过函数 output_file("output.html")直接将图形保存为 HTML 代码。

接下来通过引入 **Bokeh** 模块，将可视化图形推到浏览器端。使用 **Bokeh** 绘图的思路与 **Matplotlib** 等可视化包大同小异，效果如图 4-18 所示，右侧工具栏默认有平移、缩放、滚轮缩放、保存图片、还原等按钮。

```
import pandas as pd
import os
from bokeh.plotting import figure
from bokeh.io import show
```

```
os.chdir(r'E:\Python_course\Chapter5\Data')
df = pd.read_csv('scores.csv')

p = figure(plot_width = 400, plot_height = 400)
p.outline_line_width = 7
p.outline_line_alpha = 0.3
p.outline_line_color = "navy"
p.xaxis.axis_label = 'fscore'
p.yaxis.axis_label = 'score'

p.circle(df['fscore'], df['score'], size = 10)

show(p)
```

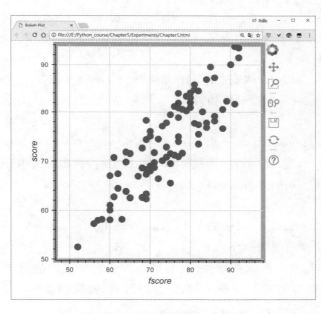

图 4-18　使用 **Bokeh** 让可视化图形在浏览器中显示

4.3.2　交互式增强可视化图形

在 4.3.1 节中,仅是将可视化图形对象推送到网页端显示,但是它们的可交互性相对较弱。此处我们将学习如何添加插件以增强图形对象的可交互性。

在 **Mpld3** 中,添加插件即意味着为 D3 渲染后的 **Matplotlib** 图形加上 Javascript 特性以增强其可交互性。**Mpld3** 提供了以下 3 个管理插件的方法：

· $mpld3.plugins.connect(fig, *plugins)$，在 **Matplotlib** 图形上连接一个或多个插件。参数 fig 用于指定 **Matplotlib** 图形对象；$*plugins$ 表示为了连接图形和插件，需要填入的参数。

· $mpld3.plugins.clear(fig)$，清除与图形相连接的包括默认插件在内的所有插件。

· $mpld3.plugins.get\_plugins(fig)$，获取与图形连接的插件列表。

在 **Mpld3** 中有 3 个内置的默认交互插件：

· $class\ mpld3.plugins.Reset$，添加重置按钮的插件。

· $class\ mpld3.plugins.Zoom(button = True, enabled = None)$，布尔型参数 $button$ 默认为 True，即表示会为图形添加一个用于缩放的按钮；布尔型参数 $enabled$ 用于指定默认情况下是否允许缩放。注意，如果指定了参数 $enabled$，则其他插件就可以对本插件的状态进行修改。

· $class\ mpld3.plugins.BoxZoom(button = True, enabled = None)$，拉框缩放的插件，参数意义同上。

此外，**Mpld3** 还提供了以下 5 个内置的插件，可供用户直接使用：

· $class\ mpld3.plugins.PointLabelTooltip(points, labels = None, hoffset = 0, voffset = 10, location = \ 'mouse')$，提示框插件，当鼠标移动到点上时，会出现文本提示信息。

· $class\ mpld3.plugins.PointHTMLTooltip(points, labels = None, hoffset = 0, voffset = 10, css = None)$，提示框插件，当鼠标移动到点上时，会出现格式化的文本提示信息。

· $class\ mpld3.plugins.LineLabelTooltip(line, label = None, hoffset = 0, voffset = 10, location = \ 'mouse')$，提示框插件，当鼠标移动到线上时，会出现文本提示信息。

· $class\ mpld3.plugins.MousePosition(fontsize = 12, fmt = \ '.3g')$，可以显示当前鼠标位置的坐标。

· $class\ mpld3.plugins.InteractiveLegendPlugin(line, label = None, hoffset = 0, voffset = 10)$，可交互的图例插件。

使用 **Mpld3** 提供的点提示框插件，我们可以为前面生成的散点图添加提示框交互功能，输入以下代码，结果如图 4-19 所示，当把鼠标移动到点状对象时，便能弹出该点的坐标提示信息：

```
import matplotlib.pyplot as plt
import pandas as pd
import os
import mpld3
from mpld3 import plugins

os.chdir(r'E:\Python_course\Chapter5\Data')
```

```
df = pd.read_csv('scores.csv')

fig, ax = plt.subplots()
scatter = ax.scatter(df['fscore'], df['score'],
    s = 88, alpha = .4, c = df['score'])
ax.set_xlabel('final score')
ax.set_ylabel('the overall band score')
ax.set_title('score vs fscore')

tooltip = mpld3.plugins.PointLabelTooltip(scatter)
plugins.connect(fig, tooltip)
mpld3.show()
```

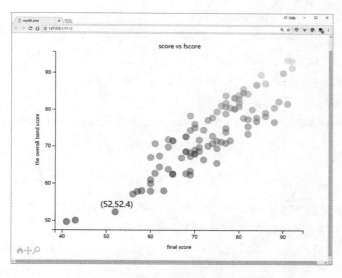

图 4-19   为散点图添加提示信息插件

也可以同时使用多个插件，如图 4-20 所示（彩图见附录 2），我们同时为该可视化图形添加了可交互式图例以及点提示插件，加上 **Mpld3** 默认的缩放和还原插件，该图形即可以进行上述多种交互操作。

```
import matplotlib
import matplotlib.pyplot as plt
import numpy as np
import mpld3
from mpld3 import plugins, utils
```

```
N_paths = 5
N_steps = 100

x = np.linspace(0, 10, 100)
y = 0.1 * (np.random.random((N_paths, N_steps)) - 0.5)

y = y.cumsum(1)

fig = plt.figure()
ax1 = fig.add_subplot(2,1,1)
ax2 = fig.add_subplot(2,1,2)

labels1 = ["a", "b", "c", "d", "e"]
labels2 = ['point {0}'.format(i + 1) for i in range(100)]

l1 = ax1.plot(x, y.T, marker = 'x',lw = 2, alpha = 0.4)
s1 = ax2.plot(x, y.T, 'o', ms = 8, alpha = 0.4)

InteractiveLegend = plugins. InteractiveLegendPlugin (zip (l1, s1),
labels1)
tooltip = []
for i in range(5):
    tooltip.append(plugins.PointHTMLTooltip(s1[i], labels2))
plugins.connect(fig, InteractiveLegend,
    tooltip[0], tooltip[1], tooltip[2], tooltip[3], tooltip[4])

mpld3.show()
```

此外,如果同时使用 Javascript 语言,便可以根据 **Mpld3** 提供的 API 接口自定义新的插件。由于目前版本源码中存在问题,使用自定义的插件会抛出错误,需要我们找到 **Mpld3** 的安装位置(如~\Anaconda3\Lib\site-packages\mpld3),打开_display.py,在第 137 行到第 138 行之间插入如下代码,如图 4-21 所示,即可解决上述问题:

```
elif isinstance(obj, (numpy.ndarray,)):
        return obj.tolist()
```

同样地,**Bokeh** 也提供了丰富的可交互式插件,对于其内置插件,只需定义 *tools* 即可,如图 4-22 所示,为可视化图形加上了两种联动选择的交互式插件。

```
import pandas as pd
import os
```

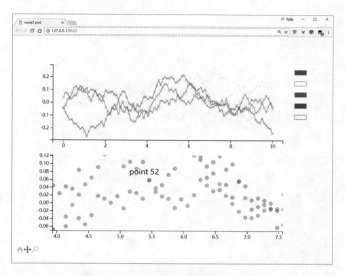

图 4-20 添加交互式图例以及点提示插件

```
127  class NumpyEncoder(json.JSONEncoder):
128      """ Special json encoder for numpy types """
129
130      def default(self, obj):
131          if isinstance(obj, (numpy.int_, numpy.intc, numpy.intp, numpy.int8,
132              numpy.int16, numpy.int32, numpy.int64, numpy.uint8,
133              numpy.uint16,numpy.uint32, numpy.uint64)):
134              return int(obj)
135          elif isinstance(obj, (numpy.float_, numpy.float16, numpy.float32,
136              numpy.float64)):
137              return float(obj)
138          return json.JSONEncoder.default(self, obj)
```

(a) 原始代码

```
127  class NumpyEncoder(json.JSONEncoder):
128      """ Special json encoder for numpy types """
129
130      def default(self, obj):
131          if isinstance(obj, (numpy.int_, numpy.intc, numpy.intp, numpy.int8,
132              numpy.int16, numpy.int32, numpy.int64, numpy.uint8,
133              numpy.uint16,numpy.uint32, numpy.uint64)):
134              return int(obj)
135          elif isinstance(obj, (numpy.float_, numpy.float16, numpy.float32,
136              numpy.float64)):
137              return float(obj)
138          elif isinstance(obj, (numpy.ndarray,)):
139              return obj.tolist()
140          return json.JSONEncoder.default(self, obj)
```

(b) 修改后的代码

图 4-21 修改 **Mpld3** 源码

```
from bokeh.io import output_file, show
from bokeh.layouts import gridplot
from bokeh.models import ColumnDataSource
from bokeh.plotting import figure


os.chdir(r'E:\Python_course\Chapter5\Data')
```

```
df = pd.read_csv('scores.csv')
x = df['fscore']
y1 = df['score1']
y2 = df['score2']
y3 = df['score3']

source = ColumnDataSource(data = dict(x = x, y1 = y1, y2 = y2, y3 = y3))

TOOLS = "box_select,lasso_select,help"

left = figure(tools = TOOLS, plot_width = 300, plot_height = 300, title
= None)
    left.circle('x', 'y1', source = source)

center = figure(tools = TOOLS, plot_width = 300, plot_height = 300,
title = None)
    center.circle('x', 'y2', source = source)

right = figure(tools = TOOLS, plot_width = 300, plot_height = 300, title
= None)
    right.circle('x', 'y3', source = source)

p = gridplot([[left, center, right]])

show(p)
```

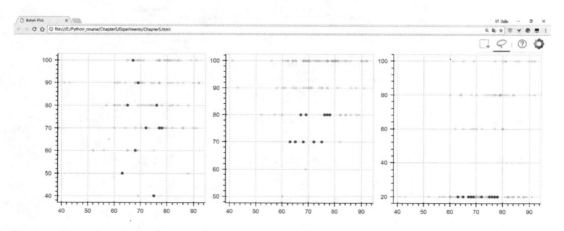

图 4-22　添加联动式选择插件

　　除了使用内置插件，我们还可以基于 **Bokeh** 开发出其他交互功能强大的图形应用，此处不做过多讲述，读者可根据网络资料自行探索。

4.4　思考与练习

　　1.针对本章的每一个可视化图件，结合文中示例代码，通过调整函数参数或其他可视化函数，制作表现主题一致但展示不同的新可视化图件。

　　2.针对本章的可视化函数包，利用其他统计图形的绘制方法，探究更适合期末考试分数分布的统计图件的制作方法。

　　3.利用本章所提供的示例数据，在网页上显示期末考试分数，并实现：

　　(1)用户可以选择用散点、折线、柱状图等方式进行显示；

　　(2)设置时间轴来分别代表三次考试；

　　(3)点击某一个学生的某次分数，在页面左侧出现学生的三次考试的具体成绩；

　　(4)实现对某个班学生成绩的汇总统计(箱线图、茎叶图)制图。

第5章　Python 基础空间数据处理与分析

本章讲述如何利用 Python 语言对基础空间数据类型进行读取、存储和处理等基本操作，利用一些常用的基础第三方函数包，开启属于你的 Python-GIS 探索之旅。

5.1　Python 基础空间数据处理包介绍

在开始本章的学习之前，需要安装和熟悉本章使用的第三方函数包，主要包括 **GDAL**、**pysal** 和 **psycopg**。

5.1.1　GDAL

函数包 **GDAL**（https://pypi.python.org/pypi/GDAL/）是在开源 C++ 地理空间数据抽象库（Geospatial Data Abstraction Library，GDAL，http://www.gdal.org/）的基础上在 Python 中集成的函数包。**GDAL** 支持种类丰富的矢量和栅格格式空间数据文件读取和写入。它包含两部分，分别是支持栅格数据的 GDAL 与支持矢量数据的 OGR。在 Python 中这两个库被集成在同一个函数包 **GDAL** 中。值得注意的是，与其他函数包不同，不能使用前面章节所介绍的方法安装函数包 **GDAL**，本章将在 5.1.4 节专门介绍其安装流程与安装方法。

5.1.2　pysal

函数包 **pysal**（https://pysal.org/）的全称是 Python 空间分析库（Python Spatial Analysis Library），由 Luc Anseiln 院士和 Serge Rey 教授共同创立，包含了丰富的空间分析、空间计量、地理建模等分析工具。截至 2021 年 12 月 17 日，pysal 已更新到 2.5 版本，相比于之前版本有较大的差别，囊括了更加丰富的空间统计与分析函数，但与早期版本并不兼容，请读者注意自己所安装的 pysal 版本，且 2.0 之后的版本已不再支持 Python2。

5.1.3　psycopg

在了解 **psycopg** 之前，先来了解一下 Postgresql 数据库及 PostGIS 扩展。

Postgresql 数据库（https://www.postgresql.org/）的前身是加州大学伯克利分校计算机系开发的 POSTGRES，后更名为 Postgresql，是一个开源的对象关系型数据库管理系统。它除了具有关系型数据库的基本特性之外，还提供了许多商业数据库中常见而其他常见开源数据库所不具备的特性，如支持窗口函数（用户可以自定义聚合函数并且当作窗口函数来使用）以及普通公用表表达式（Common Table Expressions，CTE）等。此外，

Postgresql 可以通过许多方法进行扩展，例如增加新的数据类型、函数、操作符、聚集函数、索引方法和过程语言等，进而对数据库进行个性化拓展。

PostGIS(https://postgis.net/)是基于 Postgresql 数据的一个扩展，由于 Postgresql 的数据项天然没有大小限制，因此对于空间数据(一个 feature 可能很大)留下了很大的支持空间。PostGIS 定义了空间数据类型以及相应的空间操作函数。因此，利用 PostGIS 可以在数据库层面上对空间数据进行不同层次的便捷操作，尤其是利用 Postgresql 数据库本身极快的数据查询、处理功能，可以对海量空间数据进行高效的查询、快速处理。此外，结合 PostGIS 的其他开源扩展，如 pgrouting、tiger 等软件，可以进一步实现数据库层面的路网分析、地理编码等操作。

psycopg 函数包(http://initd.org/psycopg/)是最受欢迎的 Python 连接 Postgresql 数据库的第三方函数包，其核心功能完全实现了 Python DB API 2.0 特性，其他一些扩展使其便捷地支持 Postgresql 的某些其他特性。

5.1.4 **GDAL** 包的安装

pysal 与 **psycopg** 可以直接使用 pip 安装，此处不再赘述。下面主要介绍 **GDAL** 包的安装过程。

1. 安装

值得注意的是，前文中所介绍的 pip 命令无法直接安装所需要的 **GDAL** 库，而如果直接使用源码包进行安装，需要在本地进行编译，易于出错。因此，本书推荐读者使用已经进行了编译的中间源码进行安装。下面给大家分享其中一种不太容易出错的方法。

在下载源文件之前，确认是否已经安装并配置好 Python 软件(2.X 或 3.X 版本)，执行如下流程：

(1) 首先，同时按下 Windows+r 键，通过 cmd 命令，打开命令行终端，在终端中输入 python 命令，查看已安装的 Python 版本。需要注意的是，如果电脑中同时安装了 Python2 和 Python3 两个版本，可通过名称进行区分。例如，笔者同时安装了两个版本的 Python，为了进行区分，笔者将 Python2.7 版本的可执行文件(.exe)重命名为 python2.exe。因此，可通过输入"python2"查看对应版本的 Python。如图 5-1 所示，从输出内容可以看出，笔者安装的 Python2 为 64 位软件，那么后续安装软件过程中也需要对应安装 64 位的函数包。

```
C:\Users\zhizihua>python2
Python 2.7.18 (v2.7.18:8d21aa21f2, Apr 20 2020, 13:25:05) [MSC v.1500 64 bit (AMD64)] on win32
Type "help", "copyright", "credits" or "license" for more information.
>>>
```

图 5-1　Python 基本信息查看

(2) 在确认 Python 对应版本软件安装的基础上，通过在线服务网站 GISInternals (http://download.gisinternals.com/archive.php)下载已编译的 **GDAL** 二进制包，需要注意的是，Python2 对应的 **GDAL** 包版本对应为 3.0 之前，本书中笔者下载使用的为 **GDAL** 2.4.3版本，如图 5-2 所示。

Compiler	Arch.	Downloads	Package Info	Revisions
GDAL 3.0.0 and MapServer 7.4.0				
MSVC 2015	win32	*release-1900-gdal-3-0-0-mapserver-7-4-0*	*information*	*b5c26cc b2e5f04*
MSVC 2015	x64	*release-1900-x64-gdal-3-0-0-mapserver-7-4-0*	*information*	*b5c26cc b2e5f04*
MSVC 2017	win32	*release-1911-gdal-3-0-0-mapserver-7-4-0*	*information*	*b5c26cc b2e5f04*
MSVC 2017	x64	*release-1911-x64-gdal-3-0-0-mapserver-7-4-0*	*information*	*b5c26cc b2e5f04*
GDAL 2.4.3 and MapServer 7.4.2				
MSVC 2015	win32	*release-1900-gdal-2-4-3-mapserver-7-4-2*	*information*	*9762bb8 753f0e2*
MSVC 2015	x64	*release-1900-x64-gdal-2-4-3-mapserver-7-4-2*	*information*	*9762bb8 753f0e2*
MSVC 2017	win32	*release-1911-gdal-2-4-3-mapserver-7-4-2*	*information*	*9762bb8 753f0e2*
MSVC 2017	x64	*release-1911-x64-gdal-2-4-3-mapserver-7-4-2*	*information*	*9762bb8 753f0e2*
GDAL 2.4.2 and MapServer 7.4.0				

图 5-2　下载安装包界面截图

（3）下载 Python 版本对应的 **GDAL** 二进制包，此处为 Python2.7 对应的包。同时，会提醒安装对应的 GDAL core 安装文件，如图 5-3 所示。

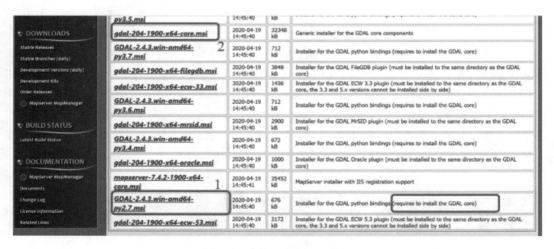

图 5-3　安装包下载页面截图

（4）下载完成后，首先安装 GDAL core 文件，按照安装向导完成本软件安装，如图 5-4～图 5-7 所示。安装完成后，将 **GDAL** 安装路径添加到系统环境变量 Path 中。

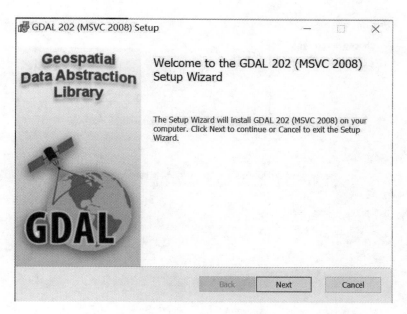

图 5-4 点击"Next"按钮

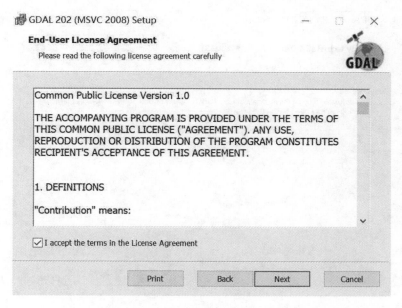

图 5-5 点击接受条款以及"Next"按钮

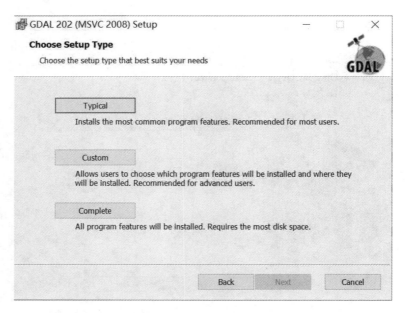

图 5-6　点击"Typical"，然后点击"Next"按钮

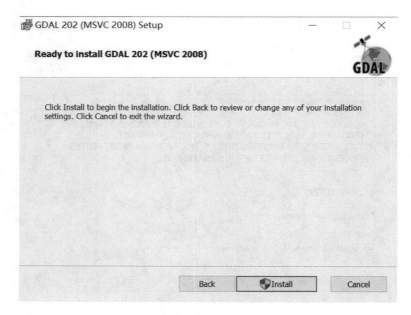

图 5-7　点击"Install"按钮进行安装

（5）安装 GDAL core 文件后，按照安装向导安装 **GDAL** 二进制文件，如图 5-8 所示，最后选择目标 Python 软件的位置，如本文为 Python2，选择对应位置后点击"Finish"最终完成 **GDAL** 的安装。

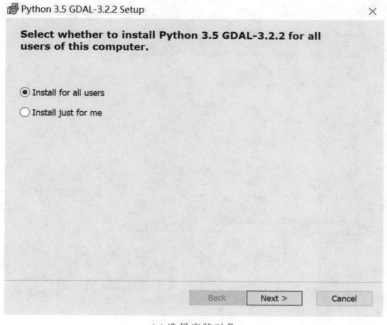

(a) 选择安装对象

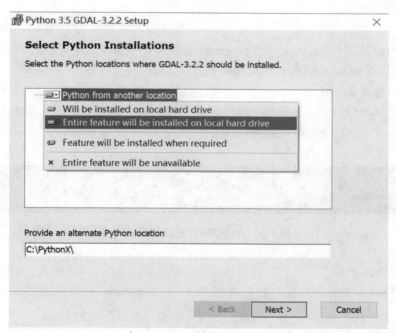

(b) 选择安装方式

图 5-8   安装 **GDAL** 二进制文件(1)

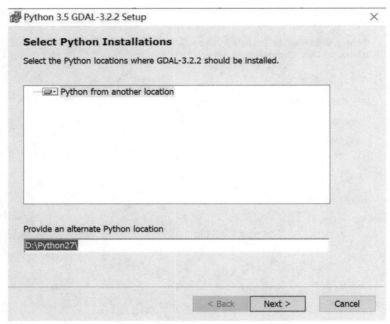

(c) 输入安装位置

图 5-8　安装 **GDAL** 二进制文件(2)

值得注意的是,随着 **GDAL** 和 Python 语言版本的更新,上述安装过程可能有一定修改,若未能安装成功,读者可自行搜索最新的安装途径。

2. GDAL 包验证

为了验证 **GDAL** 包是否安装成功,可打开 Python 命令行,导入 **GDAL** 包（import gdal）,若没有错误信息返回则代表 **GDAL** 包在 Python 中安装成功。如图 5-9 所示。

```
C:\Users\zhizihua>python2
Python 2.7.18 (v2.7.18:8d21aa21f2, Apr 20 2020, 13:25:05) [MSC v.1500 64 bit (AMD64)] on win32
Type "help", "copyright", "credits" or "license" for more information.
>>> import gdal
```

图 5-9　验证 **GDAL** 包是否安装成功

3. 使用 conda 安装

上述 **GDAL** 的安装方式较为繁琐,如果安装了 Anaconda,则可以通过以下命令进行直接安装:

```
conda install gdal
```

5.2 空间数据结构与读写

在使用 Python 语言进行空间数据处理时,空间数据的数据结构和数据导入导出是需要解决的首要问题。本节我们将重点介绍空间数据结构和数据导入导出方法。在本节开始之前,为了让大家能更好地理解和运行示例代码,我们约定"D:\Python\Chapter4\Data"为工作目录。

5.2.1 GDAL 中的空间数据结构

前文说到,Python 中 **GDAL** 函数包分为两个部分,一部分是支持栅格数据的 GDAL,一部分是支持矢量数据的 OGR,相应地,其空间数据结构也分为栅格与矢量两部分。

1. 栅格数据

GDAL 提供了对多种栅格数据的支持,包括 Geotiff(tiff)、Erdas Imagine Images(img)、ASCII DEM(dem)等格式。其中,**GDAL** 中栅格数据结构包括数据集、栅格波段、颜色表和概述,如表 5-1 所示。

表 5-1　栅格数据抽象模型结构

结构内容	说　　明
数据集	数据集包括空间坐标系,仿射地理坐标变换,地面控制点,元数据(子数据集域,图像结构域,XML 域)
栅格波段	栅格波段使用 GDALRasterBand 表示,表示一个单独的栅格层
颜色表	用来描述颜色的一个结构,具有调色盘的作用
概述	一个波段可能具有零个或者多个概述

在上述结构中,通常使用到的数据结构为数据集和栅格波段。数据集与图像的空间参考有较大的关系,栅格波段通常包含像素、颜色、掩膜等信息。

2. 矢量数据

GDAL 的矢量数据处理由 OGR 提供,其支持多种文件格式,包括:ESRI Shapefiles、S—57、SDTS、PostGIS、Oracle Spatial、Mapinfo mid/mif、Mapinfo TAB。OGR 格式包括以下几个部分:Geometry、Spatial Reference、Feature,如表 5-2 所示。

表 5-2　矢量数据模型结构

结构内容	说　　明
Geometry	Geometry 类(包括 OGRGeometry 等类)封装了 OpenGIS 的矢量数据模型,并提供了一些几何操作和空间参考系统(投影)
Spatial Reference	OGRSpatialReference 类封装了投影和基准面的定义

续表

结构内容	说　明
Feature	OGRFeature 类封装了一个完整 Feature 的定义,一个完整的 Feature 包括一个 Geometry 及属性

5.2.2　GDAL 栅格数据导入导出

栅格数据的读入较为简单,通常在栅格数据文件中已经包含了其相关信息。由于栅格数据并不是本书的重点,因此仅简要介绍其读入方式。

如图 5-10 所示(彩图见附录 2),我们使用文件名为 654.tif 的示例影像,其来自 Landsat 8 卫星,位置是黄河入海口。

图 5-10　ENVI 打开的 Landsat 8 影像

首先使用 *Open* 方法打开栅格文件,指定 *gdal.GA_ReadOnly* 代表使用只读的方式打开。若打开成功,则打印"Open successful",若打开失败,则打印"Open file failed"并退出程序。下面是示例代码:

```
>>> import gdal
>>> ds = gdal.Open("654.tif",gdal.GA_ReadOnly)
>>> if ds is None:
...     print("Open file failed")
...     sys.exit(1)
... else:
...     print("Open Success")
```

...

Open Success

紧接上述代码,通过下面的示例代码获取栅格数据的数据驱动以及栅格数据的空间坐标信息:

```
>>> print ("Driver: {shortname}/{longname}". format (shortname = ds.
GetDriver().ShortName,longname = ds.GetDriver().LongName))
```

Driver: GTiff/GeoTIFF

```
>>> print("Projection is {}".format(ds.GetProjection()))
```

Projectionis PROJCS["WGS 84 / UTM zone 50N",GEOGCS["WGS 84",DATUM["WGS_ 1984",SPHEROID["WGS 84",6378137,298.257223563,AUTHORITY["EPSG","7030"]], AUTHORITY [" EPSG "," 6326 "]], PRIMEM [" Greenwich ", 0], UNIT [" degree ", 0.0174532925199433], AUTHORITY [" EPSG"," 4326"]], PROJECTION ["Transverse_ Mercator"], PARAMETER [" latitude _ of _ origin ", 0], PARAMETER [" central _ meridian", 117], PARAMETER [" scale _ factor", 0. 9996], PARAMETER [" false _ easting",500000], PARAMETER["false_northing",0],UNIT["metre",1,AUTHORITY ["EPSG","9001"]],AUTHORITY["EPSG","32650"]]

我们可以进一步查看其波段信息:

```
>>> band = ds.GetRasterBand(1)
>>> print ( " Band Type = { }". format (gdal. GetDataTypeName (band.
DataType)))
```

Band Type = UInt16

```
>>> min = band.GetMinimum()
>>> max = band.GetMaximum()
>>> if not min or not max:
...     (min,max) = band.ComputeRasterMinMax(True)
>>> print("Min:{:.3f} Max:{:.3f}".format(min,max))
```
Min:0.000 Max:49891.000

结果表明,影像中辐射值的最大值是49891,最小值是0。此外,也可以查看每一条线上的辐射值:

```
>>> scanline = band.ReadRaster(xoff = 0, yoff = 0,
...                            xsize = band.XSize, ysize = 1,
...                            buf_xsize = band.XSize, buf_ysize = 1,
...                            buf_type = gdal.GDT_Float32)

>>> scanline_tuple_value = struct.unpack('f' * band.XSize, scanline)
>>> print(len(scanline_tuple_value))
```
7621
```
>>> print(band.XSize)
```

117

```
7621
>>> print(scanline_tuple_value[0:10])
(0.0, 0.0, 0.0, 0.0, 0.0, 0.0, 0.0, 0.0, 0.0, 0.0)
```

上述代码是取出一条线上的所有辐射值,输出的是辐射值的大小和取出的前 10 个值。需要注意的是,使用 *ReadRaster* 函数所读取的为二进制值,可使用 Python 内置的 *struct. unpack* 函数将二进制值转换成数值类型。

5.2.3 **GDAL 矢量数据导入导出**

与栅格数据类似,通过 *OpenEx*() 函数读入矢量数据,示例代码如下:

```
>>> import sys
>>> from osgeo import gdal

>>> ds = gdal.OpenEx("LNHP.shp", gdal.OF_VECTOR)
>>> if ds is None:
>>>     print("Open failed")
>>>     sys.exit(1)
>>> else:
>>>     print("Open Success")
>>> ds = None
```

上述代码中,重点关注代码 ds = gdal. OpenEx("LNHP. shp", gdal. OF_VECTOR),使用 *gdal. OpenEx* 函数打开一个矢量文件,其中参数 gdal. OF_VECTOR 表明读入的数据为矢量文件,进而采用对应的驱动(driver)打开文件。在 **GDAL** 函数包中,驱动是一个重要的概念,通过不同的驱动,**GDAL** 可以打开对应类型的矢量文件,甚至打开一个远程 Web 地图服务。一般情况下,在打开矢量文件时 **GDAL** 函数包会根据数据类型自动选择驱动打开对应文件,具体的驱动与数据类型对应信息可参考 **GDAL** 官方文档(https://gdal. org/drivers/vector/index. html)。

上述代码即为打开一个 shapefile 文件,若打开成功则打印"Open Success",失败则退出程序,并打印"Open failed"。

下面我们来演示 DataSet 的数据结构,首先演示数据(LNHP. shp,LNNT. shp,LondonBorough. shp)全部使用 Open 方式打开。

```
>>> import gdal
>>> import os
>>> ds_point = gdal.OpenEx("LNHP.shp",gdal.OF_VECTOR)
>>> ds_line = gdal.OpenEx("LNNT.shp",gdal.OF_VECTOR)
>>> ds_polygon = gdal.OpenEx("LondonBorough.shp",gdal.OF_VECTOR)
```

因为这里我们预先知道上面三个文件分别是点、线、面数据,其他情形下也可通过 *GetGeometryRef*() 函数打印出它们的 GeometryType。

```
>>> lyr_point = ds_point.GetLayerByName("LNHP")
```

```
>>> feat = lyr_point.GetFeature(0)
>>> feat.GetGeometryRef().GetGeometryName()
'POINT'
>>> feat.GetGeometryRef().GetGeometryType()
1
```

上述代码中,使用 *GetLayerByName*( )函数获取到图层数据,通常一个 shapefile 文件仅包含一个图层,并且图层名与文件名一致。feat 是通过 *GetFeature* 函数获取的要素对象,0 代表第一个对象,通过 *GetGeometryRef*( ) 函数获取到要素空间属性的信息,*GetGeometryName*( )函数是获取其空间要素类型名字的函数,示例中为点数据对象。*GetGeometryType* 函数用来获取空间对象类型的数值表示,可以看到点数据对象在 **GDAL** 中的矢量数据类型用"1"代表。

类似地,我们可以输出 LNNT. shp 与 LondonBorough 对应的数据类型为线数据或面数据,这里我们给出前者的代码示例,后者的类型输出代码请读者自行完成。

```
>>> lyr_line = ds_line.GetLayerByName("LNNT")
>>> feat = lyr_line.GetFeature(0)
>>> feat.GetGeometryRef().GetGeometryName()
'LINESTRING'
>>> feat.GetGeometryRef().GetGeometryType()
2
```

通过同样的方式我们看到 LNNT 是线数据类型,并且线数据类型使用数值"2"来表示。

那么,空间对象读入 Python 系统之后是如何存储的呢? 首先以点数据为例,使用 *GetPoints*( )函数可以获取空间对象的所有点坐标,可以发现点数据对象就是空间坐标值的表示。

```
>>> feat_point = lyr_point.GetFeature(0)
>>> feat_point.GetGeometryRef().GetPoints()
[(531199.9999999999, 157700.000000001)]
```

类似地,我们可以通过 *GetPoints*( )函数获取线数据的结构,其示例如下:

```
>>> feat_line = lyr_line.GetFeature(35850)
>>> feat_line.GetGeometryRef().GetPoints()
[(516876.00000000047, 190676.00000000058), (516800.9999999994, 190802.
99999999965), (516757.9999999994, 190809.00000000052), (516641.9999999994,
190635.99999999988), (516674.00000000035, 190547.00000000047)]
```

通过上述结果可以看出,线对象是由一系列的点坐标值进行存储,将坐标值顺次相连而构成对应的特征。

面数据与前两者的结构区别较大,因为面数据可能是由多个 Geometry 组成的,因此在抽取面数据对应的存储结构特点时,需要逐步剥离进而获取详细信息,即使用 *feat_polygon. GetGeometryRef*( ). *GetGeometryRef*(0). *GetPoints*( )的方式来获取其全部的坐标信息,示例代码如下:

```
>>>  lyr_polygon = ds_polygon.GetLayerByName("LondonBorough")
>>>  feat_polygon = lyr_polygon.GetFeature(0)
>>>  feat_polygon.GetGeometryRef().GetGeometryRef(0).GetPoints()
```
[(505182.8000000006, 179201.10000000114), (505184.0999999794, 179203.9999999989), (505185.79999999993, 179207.4999999996), (505182.8000000006, 179201.10000000114)]

通过上述结果可以看到,面数据也是由一系列的点坐标值构成的,但首尾两个点的坐标是相同的,进而顺次连接所有点构成闭合的多边形对象。

下面我们通过一段较为复杂的构造代码,全面演示空间数据对象的构成,以便于读者掌握相关的函数与操作技巧。

```
import sys
from osgeo import gdal
from osgeo import ogr
ds_in = gdal.OpenEx("LNHP.shp", gdal.OF_VECTOR)
if ds_in is None:
    sys.stderr("Open failed")
    sys.exit(1)
else:
    print("Open Success")
lyr_in = ds_in.GetLayer(0)
lyr_in.ResetReading()
driverName = "ESRI Shapefile"
drv = gdal.GetDriverByName(driverName)
ds_out = drv.Create("LNHP_out.shp",0,0,0,gdal.GDT_Unknown)
if ds_out is None:
    sys.stderr("Create faild, please make sure the file is not exists.")
lyr_out = ds_out.CreateLayer("LNHP_out",None,ogr.wkbPoint)

for i in range(lyr_in.GetLayerDefn().GetFieldCount()):
    field_defn = ogr.FieldDefn(lyr_in.GetLayerDefn().GetFieldDefn(i).
name,lyr_in.GetLayerDefn().GetFieldDefn(i).type)
    field_defn.SetIgnored(lyr_in.GetLayerDefn().GetFieldDefn(i).
IsIgnored())
    field_defn.SetJustify(lyr_in.GetLayerDefn().GetFieldDefn(i).
justify)
    field_defn.SetNullable(lyr_in.GetLayerDefn().GetFieldDefn(i).
IsNullable())
    field_defn.SetWidth(lyr_in.GetLayerDefn().GetFieldDefn(i).width)
```

```
        field_defn.SetPrecision(lyr_in.GetLayerDefn().GetFieldDefn(i).
precision)
        field_defn.SetDefault(lyr_in.GetLayerDefn().GetFieldDefn(i).
GetDefault())
        field_defn.SetSubType(lyr_in.GetLayerDefn().GetFieldDefn(i).
GetSubType())

    lyr_out.CreateField(field_defn)

lyr_in.ResetReading()

feat = lyr_in.GetNextFeature()
while feat:
    x = feat.GetGeomFieldRef(0).GetX()
    y = feat.GetGeomFieldRef(0).GetY()
    feat_out = ogr.Feature(lyr_in.GetLayerDefn())
    pt = ogr.Geometry(ogr.wkbPoint)
    pt.SetPoint_2D(0,x,y)
    feat_out.SetGeometry(pt)
    for i in range(feat.GetFieldCount()):
        feat_out.SetField(feat.GetFieldDefnRef(i).name, feat.GetField
(i))
        pass
    lyr_out.CreateFeature(feat_out)
    feat = lyr_in.GetNextFeature()

spatialRef = lyr_in.GetSpatialRef()
spatialRef.MorphToESRI()
with open('LNHP_out.prj','w') as f:
    f.write(spatialRef.ExportToWkt())

if feat is not None:
    feat.Destroy()
ds_out = None
ds_in = None
```

上述示例是将 LNHP.shp 矢量文件复制一份,输出到 LNHP_out.shp 中。上述代码包含了较多的函数,其中使用到的函数如表 5-3 所示。

表 5-3　写文件所使用到的函数

函数名	函数意义	参数情况	返回值情况
DataSet. GetLayerByName()	获取到数据集的图层（通过图层名）	无	返回 Layer
Layer. ResetReading()	重置读取,主要是在使用 GetNextFeature 之后,重新将游标指向第一个 Feature	无	无
gdal. GetDriverByName(str)	通过驱动名字新建一个驱动	字符串,为驱动名字	返回一个驱动（Driver）
Driver. Create(str,int,int,int, str，GDALDataType)	使用驱动和参数新建一个数据集	第一个参数为文件名,第二、第三个参数为 x,y 的大小（与栅格数据有关）,第四个参数为数据类型,当不知数据类型,或为矢量数据的时候,即可设定为 Unkown	返回一个数据集（DataSet）
DataSet. CreateLayer(str, OGRSpatialReference, GeometryType)	在数据集上创建一个图层	第一个参数为图层名,第二个参数为空间坐标系对象,第三个参数为空间数据类型	返回一个图层（Layer）
Layer. GetLayerDefn()	获取图层定义	无	返回图层定义
LayerDefn. GetFieldCount()	获取图层上的字段数量,不包含空间字段	无	返回属性字段数量
ogr. FieldDefn(str,FieldType)	创建一个属性字段	第一个参数为字段的名字,第二个参数为字段的类型	返回一个字段
FieldDefn. SetIgnored(int) FieldDefn. IsIgnored()	在返回 Feature 时该字段是否被忽略	整型	无
FieldDefn. SetJustify (int) FieldDefn. GetJustify ()	有关该字段的对齐方式	整型	无

函数名	函数意义	参数情况	返回值情况
FieldDefn. SetNullable（int） FieldDefn. IsNullable（）	字段可否为空	整型	无
FieldDefn. SetWidth（int） FieldDefn. GetWidth（）	字段宽度	整型	无
FieldDefn. SetPrecision（int） FieldDefn. GetPrecision（）	字段精度	整型	无
FieldDefn. SetDefault（str） FieldDefn. GetDefault（）	默认值	字符串	无
FieldDefn. SetSubType（int） FieldDefn. GetSubType（）	亚类型	整型	无
Layer. CreateField(FieldDefn)	在图层上创建一个字段（根据已经设置好的字段）	FieldDefn	无
Layer. GetNextFeature()	获取下一个 Feature，通常在遍历图层时用到，ResetReading 可以重置读取	无	返回一个 Feature
feature. GetGeomFieldRef(int)	获取空间字段	整型	返回一个空间字段
GeomFieldRef. GetX()	获取 x 坐标	无	返回 x 坐标
GeomFieldRef. GetY()	获取 y 坐标	无	返回 y 坐标
ogr. Feature(FeatureDefn)	新建 Feature	参数为要素定义类	返回新建的 Feature
ogr. Geometry(int)	新建一个 Geometry 对象	参数为一个枚举值，本示例里面为点数据	返回一个 Geometry 对象，根据创建类型的不同返回不同的对象，本示例返回一个点对象
Geometry. SetPoint_2D(int, double,double)	设定 x,y 坐标	第一个参数是代表点的索引,第二、三个参数分别代表 x,y	无
Feature. SetGeometry(Geometry)	将 Geometry 对象关联至 Feature 中	参数是一个 Geometry 对象	无

函数名	函数意义	参数情况	返回值情况
Feature.SetField(str,FieldValue)	将 Feature 中某一字段赋为某值	第一个参数为字段名字（也可以是字段索引值），第二个参数为字段值	无
Layer.CreateFeature(Feature)	在图层中新建一个 Feature	参数是一个 Feature 对象	无
Layer.GetSpatialRef()	获取空间坐标信息，通常保存在 prj 文件中，在打开 shp 文件时如果有 prj 文件，则会自动读取其中的信息	无	返回一个 SpatialRef
SpatialRef.MorphToESRI()	将坐标信息转换为字符串	无	无
SpatialRef.ExportToWkt()	将坐标信息导出为 wkt 格式字符串	无	返回一个 wkt 格式字符串
Feature.Destroy()	销毁 Feature，类似于关闭文件	无	无

值得注意的是，表 5-3 中仅列举了示例代码中出现过的操作函数，由于 GDAL 中的相关函数较多，这里不再一一列举，读者若有兴趣可以在 GDAL 官网查询相关函数的定义（https://gdal.org/），也可以使用 Python 中的 *dir*() 函数对空间数据对象结构进行探索与掌握。

5.2.4　pysal 中数据的导入导出

pysal 作为一个功能强大的空间分析函数包，本身不支持对栅格数据的操作，而是专注于对矢量数据的处理与分析。**pysal** 支持对常见的数据格式的读写，例如 ESRI Shapefile 等。

1. shapefile 文件

pysal 函数包在 2.0 版本之后对语法做了较大的调整，因此本书均以 **pysal2.0** 之后的语法进行展示，请读者在学习之前确认版本。初步调用函数包，运行如下示例代码：

```
>>> import libpysal
>>> shp = libpysal.io.open('LNHP.shp')
>>> len(shp)
```

```
1601
>>> shp.get(len(shp)- 1).id
1601
>>> shp.get(0)
(531199.9999999999, 157700.000000001)
>>> shp.header
{'File Code': 9994, 'Unused0': 0, 'Unused1': 0, 'Unused2': 0, 'Unused3':
0, 'Unused4': 0, 'File Length': 22464, 'Version': 1000, 'Shape Type': 1, 'BBOX
Xmin': 505299.9999999994, 'BBOX Ymin': 157700.000000001, 'BBOX Xmax': 556299.
9999999995, 'BBOX Ymax': 199700.00000000087, 'BBOX Zmin': 0.0, 'BBOX Zmax': 0.
0, 'BBOX Mmin': 0.0, 'BBOX Mmax': 0.0}
```

在上述代码中,**libpysal** 使用 io 模块的 $open()$ 方法来打开一个 shapefile 文件,$len()$ 方法可以用来查看其中空间对象的数量,$get(int)$ 方法可以用来查看元素,参数是元素的索引值,id 是根据元素索引值所赋予的主键值,但并不代表 shapefile 文件中真实存在这样一个字段。$header$ 变量是一个字典型变量,存储了与 shapefile 相关的信息,包括文件长度、bounding box 的边框值等。

上节我们通过很复杂的代码实现空间数据复制,而通过下面较为简单的示例代码即可将 LNHP.shp 文件复制为 LNHP_OUT.shp。

```
>>> import libpysal
>>> in_file = libpysal.io.open ('LNHP.shp')
>>> out_file = libpysal.io.open ('LNHP_OUT.shp','w')
>>> for i in range(len(in_file)):
...     out_file.write(in_file.get(i))
...
>>> in_file.close()
>>> out_file.close()
```

值得注意的是,打开文件与读取文件的过程基本相同,但是当打开待写入的文件对象时,由于需要进行写入操作,需要在打开文件对象时选择'w'模式,这样才会创建一个新的 shapefile 文件。这里我们使用 get 函数获取到每一个空间要素,然后将之写入新的文件中,最后将打开的文件全部关闭。

2. dbf 文件

在 ESRI Shapefile 格式的文件中,dbf 文件是用来存放属性数据的文件。需要注意的是,io 模块 $open()$ 方法打开 shp 文件时不会自动打开 dbf 文件,因此仅使用 $open()$ 方法打开文件的时候,是没有办法对属性数据进行进一步操作的。如果需要对属性数据进行操作,则必须再次使用 $open()$ 方法单独打开 dbf 文件,将之作为一个新的文件对象,与空间数据对象配合操作。运行如下示例代码:

```
>>> import libpysal
>>> db = libpysal.io.open ('LNHP.dbf')
```

```
>>> db.header
['PURCHASE', 'FLOORSZ', 'TYPEDETCH', 'TPSEMIDTCH', 'TYPETRRD',
'TYPEBNGLW', 'TYPEFLAT', 'BLDPWW1', 'BLDPOSTW', 'BLD60S', 'BLD70S',
'BLD80S', 'BLD90S', 'BATH2', 'BEDS2', 'GARAGE1', 'CENTHEAT', 'UNEMPLOY', '
PROF', 'BLDINTW', 'X', 'Y', 'coords_x1', 'coords_x2', 'coords_x1_', 'coords_
x2_']
>>> db.field_spec
[('N', 19, 10), ('N', 19, 13), ('N', 9, 0), ('N', 10, 0), ('N', 8, 0), ('N',
9, 0), ('N', 8, 0), ('N', 7, 0), ('N', 8, 0), ('N', 6, 0), ('N', 6, 0), ('N', 6,
0), ('N', 6, 0), ('N', 5, 0), ('N', 5, 0), ('N', 7, 0), ('N', 8, 0), ('N', 19, 14),
('N', 19, 14), ('N', 7, 0), ('N', 19, 10), ('N', 19, 10), ('N', 19,
10), ('N', 19, 10), ('N', 19, 10)]
>>> db[0]
[[215000.0, 100.0, 1, 0, 0, 0, 0, 0, 0, 0, 0, 0, 0, 1, 1, 1, 3.34616028108,
41.1290322581, 1, 531200.0, 157700.0, 531199.9999999999, 157700.000000001,
531199.9999999999, 157700.000000001]]
>>> len(db)
1601
```

上述代码演示了如何对 dbf 文件进行读取,通过 $Open()$ 函数打开文件,$header$ 是存储的属性字段的字段名,$field\_spec$ 则存储了每个字段的字段类型、字段宽度以及小数精度。通过 db[0] 返回第一行对应的属性值,以此能够利用对应索引值访问任意一个空间要素对象对应的属性字段。同样,$len()$ 函数返回空间要素的个数和属性数据的行数。dbf 文件的写入与 shp 文件的写入相同,使用 $write()$ 方法完成,读者可参考上节代码,这里不再赘述。

5.3　基于 GDAL 的栅格数据处理

5.3.1　影像镶嵌拼接

本实例中,我们选定的两张待镶嵌的影像为 Landsat 8 近红外波段影像(成像日期:2021-08-06;条带号:123,行编号:33)中两个小范围栅格数据,如图 5-11 所示,本节设定原始影像文件与代码在同一个目录中,影像的名称分别是"image1.tif"和"image2.tif"。

首先使用 $gdal.Open$ 方法打开栅格文件,通过 $gdal.WarpOptions$ 对影像的输出格式以及重叠区域的处理方法进行设定。利用 $gdal.Warp$ 指定待镶嵌的栅格影像,并命名镶嵌拼接后的输出影像。下面是示例代码:

```
from osgeo import gdal
band5_img1 = 'image1.tif'
band5_img2 = 'image2.tif'
inputrasfile1 = gdal.Open(band5_img1)
```

图 5-11   镶嵌前的两张栅格影像

```
inputrasfile2 = gdal.Open(band5_img2)
merge_options = gdal.WarpOptions (format = 'GTiff', resampleAlg =
'average')
gdal.Warp('RasterMosaic.tif',[inputrasfile1,inputrasfile2],options =
merge_options)
```

在上面的代码中,通过设置 *resampleAlg* 参数可以实现重叠区域不同的处理方法,主要包括'near'、'average'、'mode'、'max'、'min'。其中,'near'将镶嵌的最后一个栅格影像数据作为重叠区域的输出像元值;'mode'将重叠像元中出现频率最高的值作为重叠区域的输出像元值;'max'将重叠像元的最大值作为重叠区域的输出像元值;'min'将重叠像元的最小值作为重叠区域的最小像元值。本试验中,我们使用'average'这一参数,可将重叠像元的平均值作为重叠区域的输出像元值。在本例中,输出的影像命名为"RasterMosaic.tif",镶嵌拼接结果如图 5-12 所示。

5.3.2   影像波段显示

对于不同的应用场景和需求,需要将多波段进行组合,形成真彩色或假彩色合成图,实现不同种类地物的色彩增强,突出相关专题信息,更有利于高效准确地提取定量化信息,以达到不同的应用目的。

我们使用的示例影像下载自地理空间数据云(读者可通过 https://www.gscloud.cn 网址登录其官网),来自 2013 年发射的 Landsat 8 卫星,位置是北京市及其周边地区,两景影像的具体属性信息如表 5-4 所示。其中,真彩色合成图的初始多波段遥感影像来源是表 5-4 中的影像一,假彩色合成图的初始多波段遥感影像来源是表 5-4 中的影像二。

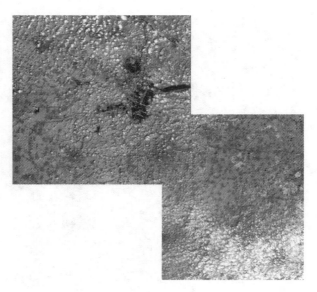

图 5-12　镶嵌拼接后的完整影像

表 5-4　Landsat 8 遥感影像属性信息

	影像一	影像二
数据标识	LC81230322021218LGN00	LC81230332021218LGN00
条带号	123	123
行编号	32	33
日期	2021-08-06	2021-08-06
云量	3.06%	12.99%

　　首先使用 gdal.Open 方法打开栅格影像文件,通过 $gdal.GetDriverByName$ 设定驱动对象格式,使用 $Create$ 函数对栅格数据集的名称、行列数、波段数和数据类型进行设置。使用 $SetGeoTransform$ 和 $SetProjection$ 对栅格数据集的空间参考信息和投影信息进行设置。使用 $GetRasterBand().WriteArray()$ 将各波段影像存入指定 RGB 通道中。

　　下面是真彩色合成的示例代码,其中 band2_fn、band3_fn、band4_fn 分别为 Landsat 8 的第二、三、四单波段影像,融合后输出的栅格影像名称为"naturalColor.tif",波段融合结果如图 5-13 所示。

```
from osgeo import gdal
band2_fn = 'LC08_L1TP_123032_20210806_20210811_01_T1_B2.TIF'
band3_fn = 'LC08_L1TP_123032_20210806_20210811_01_T1_B3.TIF'
band4_fn = 'LC08_L1TP_123032_20210806_20210811_01_T1_B4.TIF'
in_ds = gdal.Open(band4_fn)
```

```
in_band = in_ds.GetRasterBand(1)
giff_driver = gdal.GetDriverByName('GTiff')
out_ds = giff_driver.Create('naturalColor.tif',in_band.XSize,in_band.
YSize,3,in_band.DataType)
    out_ds.SetProjection(in_ds.GetProjection())
    out_ds.SetGeoTransform(in_ds.GetGeoTransform())
    out_ds.GetRasterBand(1).WriteArray(gdal.Open(band4_fn).ReadAsArray())
    out_ds.GetRasterBand(2).WriteArray(gdal.Open(band3_fn).ReadAsArray())
    out_ds.GetRasterBand(3).WriteArray(gdal.Open(band2_fn).ReadAsArray())
```

图 5-13 真彩色合成图(R:波段 4,G:波段 3,B:波段 2)

下面是假彩色合成的示例代码,其中 band3_fn、band4_fn、band5_fn 分别为 Landsat 8 的第三、四、五单波段影像,融合后输出的栅格影像名称为"falseColor.tif",波段融合结果示例如图 5-14 所示(彩图见附录 2)。

```
from osgeo import gdal
band3_fn = 'LC08_L1TP_123033_20210806_20210811_01_T1_B3.TIF'
band4_fn = 'LC08_L1TP_123033_20210806_20210811_01_T1_B4.TIF'
band5_fn = 'LC08_L1TP_123033_20210806_20210811_01_T1_B5.TIF'
in_ds = gdal.Open(band5_fn)
in_band = in_ds.GetRasterBand(1)
giff_driver = gdal.GetDriverByName('GTiff')
out_ds = giff_driver.Create('falseColor.tif',in_band.XSize,in_band.
YSize,3,in_band.DataType)
    out_ds.SetProjection(in_ds.GetProjection())
```

```
out_ds.SetGeoTransform(in_ds.GetGeoTransform())
out_ds.GetRasterBand(1).WriteArray(gdal.Open(band5_fn).ReadAsArray())
out_ds.GetRasterBand(2).WriteArray(gdal.Open(band4_fn).ReadAsArray())
out_ds.GetRasterBand(3).WriteArray(gdal.Open(band3_fn).ReadAsArray())
```

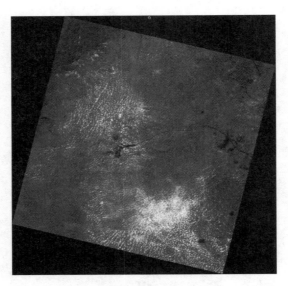

图 5-14　假彩色合成图（R：波段 5，G：波段 4，B：波段 3）

5.3.3　影像信息统计

对上一节融合生成真彩色影像（naturalColor.tif）各个波段的像元值分布频率进行统计，使用 *gdal.Open* 打开影像，使用 *band.ReadAsArray* 读取波段数据，该影像的位深为 16 bit，故设置影像值的统计范围是 numpy.arange(1,65536)，下面是示例代码：

```
from osgeo import gdal
import matplotlib.pyplot as plt
import numpy as np
ds = gdal.Open("naturalColor.tif")
bins = np.arange(1,65536)
bands = [1,2,3]
for band_num in bands:
    band = ds.GetRasterBand(band_num)
    band_a = band.ReadAsArray().flatten()
    location = np.searchsorted(np.sort(band_a),bins)
    hist = location[1:]- location[:- 1]
plt.bar(bins[1:]- 0.5,hist,width = 1,label = f'band{band_num}',alpha
= 0.5)
```

```
plt.plot(bins[1:]- 0.5,hist,'- - ')
plt.xlabel('Pixel Value',fontsize = 18)
plt.ylabel('Frequency',fontsize = 18)
plt.title('Raster Histogram',fontsize = 20)
plt.legend()
plt.show()
```

利用 matplotlib. pyplot 第三方库完成直方图的绘制,使用 $plt.xlabel$、$plt.ylabel$、$plt.$ $title$、$plt.legend$ 分别设置横轴标签、纵轴标签、图标题和图例。直方图创建结果如图 5-15 所示,水平方向 x 轴代表 16bit 存储图像的 65536 种像素值,竖直方向 y 轴代表对应像元的频率值。

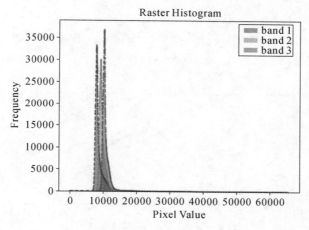

图 5-15　影像像元数值分布统计

5.3.4　影像像素计算

首先使用 $gdal.Open$ 方法打开栅格文件,通过 $gdal.GetDriverByName$ 设定驱动对象格式(本实例中设置的格式为:GTiff),使用 $Create$ 函数对栅格数据集的名称、行列数、波段数和数据类型进行设置。利用 $SetGeoTransform$ 和 $SetProjection$ 对栅格数据集的空间参考信息和投影信息进行设置。应用 $np.array$、$np.divide$ 对归一化植被指数(NDVI)进行反演计算,$np.choose$ 的作用为去除异常值,使 NDVI 的值在 −1 与 1 之间,最终利用 $GetRasterBand().WriteArray()$ 将 NDVI 数值矩阵存入指定波段中。

下面是 NDVI 反演的示例代码,其中 band4_fn、band5_fn 分别为 2017 年拉萨河流域 Landsat 8 的红波段、近红外波段影像,输出的栅格影像名称为"ndvi. tif",NDVI 的计算结果如图 5-16 所示(彩图见附录 2)。

```
import numpy as np
from osgeo import gdal
band4_fn = '2017landsatB4.tif'
```

```
band5_fn = '2017landsatB5.tif'
dataset = gdal.Open(band4_fn)
driver = gdal.GetDriverByName('GTiff')
dst_ds = driver. Create ('ndvi.tif', dataset.RasterXSize, dataset.
RasterYSize,1,gdal.GDT_Float32)
dst_ds.SetGeoTransform(dataset.GetGeoTransform())
dst_ds.SetProjection(dataset.GetProjection())
red_array = gdal.Open(band4_fn).ReadAsArray()
nir_array = gdal.Open(band5_fn).ReadAsArray()
denominator = np.array(nir_array+ red_array,dtype = 'f4')
numerator = np.array(nir_array- red_array,dtype = 'f4')
ndvi = np.divide(numerator,denominator,where = denominator! = 0.0)
ndvi = np.choose((ndvi< - 1)+ 2 * (ndvi> 1),(ndvi,0,0))
dst_ds.GetRasterBand(1).WriteArray(ndvi)
```

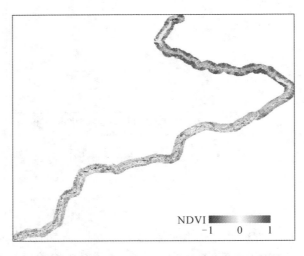

图 5-16　基于 **GDAL** 的归一化植被指数反演结果

5.4　基于 pysal 的矢量数据空间分析

　　GDAL 函数包本身是一个有关地理数据格式转换与处理的基础库,所提供的空间分析函数较少。而 **pysal** 函数包是专为空间分析而开发的第三方库,囊括了丰富的空间分析功能,主要包括:

　　(1) 空间聚类、热点分析和异常值检测;

　　(2) 网络分析;

　　(3) 空间统计与回归分析;

（4）探索性时空数据分析。

但考虑到篇幅问题,本节仅以空间自相关分析为例介绍 **pysal** 函数包的使用,详细的功能读者可参考其官网(http://pysal.org/)进一步了解。注意,本节的示例代码仍然沿用5.2节中的工作目录。

5.4.1　空间权重矩阵

空间权重矩阵是进行空间自相关分析的基础,也是其他空间分析操作,如插值、空间自回归模型等的必要选项。**pysal** 函数包中可计算三种类型的空间权重矩阵:基于邻接关系的权重(Contiguity Weights)、基于距离阈值的权重(Distance Band Weights)和核函数权重(Kernel Weights)。

针对第一种权重计算方式,本节先以 $lat2W()$ 函数生成简单的 $5*5$ 的空间单元为例,计算其对应的空间权重矩阵,示例代码如下:

```
>>> import libpysal
>>> w = libpysal.weights.lat2W(5,5)
>>> w.n
25
>>> w.pct_nonzero
12.8
>>> w.weights[0]
[1.0, 1.0]
>>> w.neighbors[0]
[5, 1]
>>> w.neighbors[6]
[1, 5, 11, 7]
>>> w.histogram
[(2, 4), (3, 12), (4, 9)]
```

在上面的代码中,n 代表空间单元的数量,这里的空间单元数量为 25,即所生成空间权重矩阵维度为 $25*25$。$pct\_nonzero$ 属性代表了权重矩阵的稀疏程度。在上述例子中,id 为 0 与 id 为 1,5 的两个单元格相邻,因此与之相对应的权重为 1。$histogram$ 属性存储了每个空间单元对应的相邻关系,以二元数组的形式表示。在这个例子中,由于空间单元是 $5*5$ 的规则的空间格网,所以有 2 个相邻关系的共有 4 个单元,有 3 个相邻关系的共有 12 个单元,有 4 个相邻关系的共有 9 个单元。

注意,在上面的例子中,默认使用的是 Rook 规则,即当两个空间单元仅共有 1 个顶点时,不会将它们认为互为相邻关系。换言之,也可以使用 Queen 规则来建立我们的空间权重矩阵,即空间单元共享一个顶点时,也被认为互为相邻关系,运行以下代码:

```
>>> wq = libpysal.weights.lat2W (rook = False)
>>> wq.neighbors[0]
[5, 1, 6]
```

上述利用 $lat2W$()函数构建规则格网,便于进行仿真实验。但在实际应用中,通常是具体的空间数据计算生成对应的空间权重矩阵。针对非规则的空间矢量数据,在计算空间权重之前,需要建立空间拓扑。在 **pysal** 中,可以使用 $from\_shapefile$()函数从任意空间结构下构造空间权重矩阵,如下示例代码展示了采用 Rook 邻域规则计算 LondonBorough 空间面数据对应的空间权重矩阵:

```
>>> w = pysal.lib.weights.Rook.from_shapefile("LondonBorough.shp")
>>> print("% .4f" % w.pct_nonzero)
13.7143
>>> w.histogram
[(1, 2), (2, 0), (3, 2), (4, 12), (5, 6), (6, 9), (7, 4)]
```

有心的读者应该已经看出来了,前面空间权重矩阵的运算实际上是根据邻接关系直接构建的邻接矩阵,没有考虑空间对象的形状、大小等几何信息。下面我们进一步介绍如何利用空间距离进行空间权重矩阵的计算。

为了进行下一步实验,首先构建一个 25 * 2 的 **Numpy** 数组,以存储空间对象中心点坐标。示例代码如下:

```
>>> import numpy as np
>>> x,y = np.indices((5,5))
>>> x.shape = (25,1)
>>> y.shape = (25,1)
>>> data = np.hstack([x,y])
>>> wknn3 = libpysal.weights.KNN(data, k = 3)
>>> wknn3.neighbors[0]
[1, 5, 6]
```

在上述代码中,通过 k 最近邻域函数 KNN()计算空间权重矩阵,即针对每个空间对象寻找距离其最近的 k 个空间要素,并相应地赋权重为 1。在上述示例代码中,设定的 k 值为 3,即构建的 KNN 权重矩阵为距离目标对象最近的 3 个元素的稀疏索引矩阵。

```
>>> w4 = wknn3.reweight(k = 4, inplace = False)
>>> w4.neighbors[0]
[1, 5, 6, 2]
>>> llnorm = wknn3.reweight(p = 1, inplace = False)
>>> llnorm.neighbors[0]
[1, 5, 2]
>>> w4.weights[0]
[1.0, 1.0, 1.0, 1.0]
```

在上述代码中,展示了采用 $reweight$()函数重新建立权重矩阵的方法。一方面,可重新设定 k 值为 4,进而以 4 个最近相邻单元建立新的权重矩阵 w4。可以看到,相比 k 为 3 的时候,第一个元素多了 2 个相邻单元。另一方面,可以通过定义参数 p 改变距离计算方式,其代表了闵科夫斯基距离(Minkowski distance)函数指数,当 $p = 2$ 时对应常见的欧氏距离

(Euclidean distance)，而本例中计算 llnorm 时采用的 p 值为 1，即曼哈顿距离（Manhattan distance）。注意，在采用 KNN 函数计算权重矩阵时默认 p 值为 1，k 值为 3。而所得到的结果中 *weights* 存储了具体的权重大小，读者也可以对其中的元素进行直接修改，以满足部分权重计算的特殊需要。

同样地，我们可以从 Shapefile 文件数据直接建立 KNN 权重矩阵，尝试一下示例：

```
>>> wknn5 = libpysal.weights.KNN.from_shapefile("LNHP.shp",p = 2,k = 3)
>>> wknn5.n
1601
>>> wknn5.weights[0]
[1.0, 1.0, 1.0]
>>> wknn5.neighbors[0]
[1, 4, 5]
```

注意，KNN 规则所建立的空间权重矩阵会导致每个空间要素的邻居被固定地确定为 k 个，但在某些情况下这种方式并不合理。**pysal** 函数包提供了基于距离阈值的权重，使用固定的距离带宽（Distance Band）规则建立权重矩阵，即将与空间要素距离不超过距离带宽值的权重赋为 1。

```
>>> wband = libpysal.weights.DistanceBand.from_shapefile("LNHP.shp",
2000)
```

在上述代码中，设置 2000 为距离带宽，即 2000m 以内的空间对象的权重赋为 1。但与 KNN 相比，这种方法可能会产生"孤岛"，尤其在空间对象分布不均匀的情况下，在 2000m 范围内可能不存在其他对象。为了避免孤岛效应，可通过 *min_threshold_dist_from_shapefile*() 函数设置最小距离带宽，则可以构建一个无孤岛的邻接矩阵，示例代码如下：

```
>>> libpysal.weights.min_threshold_dist_from_shapefile("LNHP.shp")
4742.362280552479
```

但前面两种方法所建立的权重矩阵与邻接矩阵相同，其将具有邻接关系的对象之间的权重统一赋值为 1，而这与空间统计与分析过程中常用的距离衰减规则（distance － decaying）并不相符。一方面，可通过改变权重函数 *DistanceBand*() 中的参数计算权重矩阵，示例代码如下：

```
>>> wband_con = libpysal.weights.DistanceBand.from_shapefile("LNHP.
shp",2000,p = 1,binary = False,alpha = -1)
>>> wband_con.weights[3]
[0.0007142857142867537, 0.0005000000000001165]
```

在上述代码中，首先设置二值参数（binary）为 False，则不会产生二值化（0 或 1）的权重，进而设定衰减系数 *alpha*，则会按照与距离的大小成反比的方式计算权重，即反距离加权法（Inverse Distance Weighted，IDW）。

此外，在 **pysal** 函数包中定义类丰富的核函数，以按照距离衰减规则计算权重，运行如下示例代码：

```
>>> kw = libpysal.weights.Kernel.from_shapefile("LNHP.shp",function
```

```
= "gaussian")
    >>> kw.weights[0]
    [0.39066577122628715, 0.3250551901656428, 0.32079023605089935,
    0.3989422804014327, 0.33445639372120956, 0.3588651696677464,
    0.35356312928665007, 0.324442456840711, 0.29467757599228406,
    0.28519621010723656, 0.24683818101793886, 0.2678117560000362,
    0.25595491633749323]
    >>> kw.neighbors[0]
    [1, 7, 9, 0, 3, 4, 5, 8, 11, 12, 16, 6, 10]
    >>> kw.bandwidth
array([[4883.6466672],
        [4883.6466672],
        [4883.6466672],
        ...,
        [4883.6466672],
        [4883.6466672],
        [4883.6466672]])
```

在上述代码中，kw 是使用核函数的方式建立的权重矩阵，$function$ 参数代表具体的核函数，如表 5-5 所示，这里使用的是最常用的高斯核函数。

表 5-5　pysal 核函数对照表

函数名	公　式	意　义
triangular	$K(Z) = \left(1 - \left\lvert \dfrac{d_{ij}}{h_i} \right\rvert \right)$　if $d_{ij} \leqslant h_i$	三角函数
uniform	$K(Z) = 1/2$　if $d_{ij} \leqslant h_i$	单值核函数
quadratic	$K(Z) = (3/4)\left(1 - \left(\dfrac{d_{ij}}{h_i}\right)^2\right)$　if $d_{ij} \leqslant h_i$	二次函数
quartic	$K(Z) = (15/16)\left(1 - \left(\dfrac{d_{ij}}{h_i}\right)^2\right)^2$　if $d_{ij} \leqslant h_i$	四次函数
gaussian	$K(Z) = (2\pi)^{(-1/2)}\exp\left(-\left(\dfrac{d_{ij}}{h_i}\right)^2 / 2\right)$　if $d_{ij} \leqslant h_i$	高斯函数

注意，h_i 是指核函数带宽，可自动选择，也可以根据实际案例进行手动设置。

```
    >>> kwb3000 = libpysal.weights.Kernel.from_shapefile("LNHP.shp",
bandwidth = 3000,function = "gaussian")
    >>> kwb3000[0]
    {1: 0.3773832276929844, 0: 0.3989422804014327, 3: 0.2500334036546707, 4:
0.30134662800074247, 5: 0.2896915527614918}
```

```
>>>   kwb3000.bandwidth
array([[3000.],
       [3000.],
       [3000.],
       ...,
       [3000.],
       [3000.],
       [3000.]])
```

在上面示例中,手动设置带宽值为 3000,则在所有的点计算权重时均按照 3000 进行计算。而根据表 5-5 中的定义,带宽也可以是一个 list 对象,list 的长度与空间要素的数量对应,则在每一个空间位置处按照对应的带宽值计算权重,这里不再一一赘述,读者可以自行完成拓展练习。

另一方面,除了固定类型的带宽值,带宽的大小可以设定为自适应大小,运行如下代码:

```
>>>   kwea = libpysal.weights.Kernel.from_shapefile("LNHP.shp",fixed =
False, function = "gaussian")
>>>   kwea[0]
{0: 0.3989422804014327, 1: 0.36133549095421447, 4: 0.2419707487162134}
>>>   kwea.bandwidth
array([[2247.22073014],
       [1969.77175734],
       [4883.6466672 ],
       ...,
       [500.00005   ],
       [447.21364022],
       [806.22585545]])
```

在上述代码中,$fixed$ 参数被设置为 False,那么函数会自动地为每一个空间对象计算一个带宽值。

注意,在前面的代码中所建立的权重矩阵并未进行标准化操作,但在很多情况下,如后续进行空间自相关分析时需要将权重矩阵进行标准化,运行如下示例代码:

```
>>>   kwone = libpysal.weights.Kernel.from_shapefile("LNHP.shp",
function = "gaussian")
>>>   sum(kwone.weights[0])
4.157259266815568
>>>   kwone.transform = "r"
>>>   sum(kwone.weights[0])
1.0
```

在上述代码中可以发现,标准化之前第一个元素所有相邻的权值加起来为 4.15,而标准化之后,权值加起来即为 1。其中,$transform$ 设定为"r"代表按照行进行标准化操作(row standardization)。如果需要重新还原为原始权重值,只需要再将 *transform* 设定为"o"即可。

5.4.2　空间自相关

空间自相关是指一些变量在同一个分布区内的观测数据之间潜在的相互依赖性。地理数据由于受到空间相互作用和空间扩散的影响,彼此之间可能不再相互独立,而是相关的。空间自相关分析,也是检验某一要素属性值是否与其相邻空间点上的属性值相关联的重要指标,正相关表明某单元的属性值变化与其相邻空间单元具有相同的变化趋势,代表空间现象有集聚性的存在;负相关则相反。空间自相关分析可以分为全局空间自相关和局部空间自相关。

1. 全局空间自相关

描述全局空间自相关时,其中最常用的就是 Moran 指数。它使用权重列表形式的空间权重矩阵的 Moran 指数进行空间自相关测试。Moran 指数的取值一般在[−1,1]之间,小于 0 表示负相关,代表一种"高-低"或"低-高"的空间分布模式;等于或接近于 0 表示不相关,代表一种空间的近似随机分布状态;大于 0 表示正相关,代表一种"高-高"或"低-低"的空间分布模式。在计算 Moran 指数时,也分为全局 Moran 指数与局部 Moran 指数两种方式。全局 Moran 指数通过比较邻近空间位置观察值的相似程度来测量全局空间自相关。

为了计算全局 Moran 指数,首先按照上节中介绍的流程构建空间权重矩阵,然后计算全局 Moran 指数,完整的示例代码如下:

```
>>> import pysal
>>> import esda
>>> import numpy as np
>>> data = libpysal.io.open("LNHP.dbf")
>>> y = np.array(data.by_col["PURCHASE"])
>>> w = libpysal.weights.Kernel.from_shapefile("LNHP.shp", function = "gaussian")
>>> moran = esda.moran.Moran(y, w, two_tailed = False)
>>> moran.I
0.19569089859931396
>>> moran.EI
-0.000625
>>> moran.p_norm
0.0
>>> moran.p_rand
0.0
```

从结果可以看出,在使用高斯函数计算空间权重矩阵的情况下,计算得到的 Moran 指数为 0.196,*p_norm* 代表基于正态近似下的假设检验的 *p* 值,EI 代表在正态分布假设下的统计量期望值,*p_rand* 代表基于随机分布的假设检验的 *p* 值,综合来看,上述空间自相关特征统计检验显著。此外,从结果中可以看到,示例数据中伦敦市房价呈现空间正相关特征,房价高值区域或低值区域呈现聚集现象。

除了 Moran's I 统计量,Geary's C 比率(GR)是另一种用来度量区域目标的空间自相关指标。与 Moran's I 不同,Geary's C 比率的期望值是 1 而不是 0。当 GR 为 1 时,表示一种随机的地理分布模式;当 GR 大于 0 小于 1 时,表示相似的属性值倾向于聚集在一起的地理分布模式;当 GR 大于 1 时,表示不同的属性值倾向于聚集在一起。计算示例代码如下:

```
>>> gc = esda.Geary(y, w)
>>> gc.C
0.77758535724964184
>>> gc.EC
1.0
>>> gc.p_norm
0.0
>>> gc.p_rand
3.306360918325655e-216
```

结果表明 Geary's C 比率为 0.778,也表明伦敦市的房价存在空间正相关特征,这个结果与 Moran's I 得出的结果是一致的。

同时,通过 Geary's C 比率的 EC 属性,即统计量的期望值为 1,分别进行基于随机分布的检验和基于正态分布的检验,其 p 值均为 0 或接近于 0,也说明了上述结果的统计显著性特征。

2. 局部空间自相关

全局 Moran 系数仅用一个单一的数值来反映整体上的空间分布模式,难以探测不同区域内的空间关联模式,这与地理现象或空间过程所体现的复杂性特征是不符的。1995 年,Luc Anselin 院士提出了空间自相关局部指数(Local Indications of Spatial Association,LISA),具体包括局部 Moran's I 以及 Geary's C 邻接性指数。LISA 方法在空间统计与分析领域得到极其广泛的应用,以关于位置的指数计算反映空间对象的局部空间聚集性特征。

局部 Moran 系数能揭示空间单元与其相邻近空间单元属性特征值之间的相似性或相关性,亦可用于识别空间对象"热点区域"以及空间数据分布的异质性特征。

仍然沿用上述数据与案例,使用如下代码进一步计算 LISA:

```
>>> lm = esda.Moran_Local(y, w)
>>> lm.n
1601
>>> lm.Is
array([-0.01234162,  0.1081517 ,  0.07560212, ...,  0.30971685,
0.29638645,  -0.15169176])
```

在上述代码中,使用 *Moran_Local*() 函数来计算 LISA 值,可发现,共计算得到 1601 个对应的局部 Moran's I 值。

```
>>> lm.p_sim
array([0.461,  0.321,  0.317, ...,  0.006,  0.01 ,  0.012])
>>> sig = lm.p_sim< 0.05
>>> lm.p_sim[sig]
array([0.024,  0.019,  0.013, ...,  0.006,  0.01 ,  0.012])
>>> lm.q[sig]
array([4, 4, 4, ..., 3, 3, 4])
>>> np.bincount(lm.q[sig])
array([0, 321, 174, 558, 132], dtype = int64)
```

通过上述代码,对局部 Moran's I 值进行统计检验,可以看到并不是每一个 Moran's I 值均统计显著。将 p 值小于 0.05 的值取出来,并且通过 q 属性可以查询到这些显著值所在 Moran 散点图的象限位置,也可以通过以下命令输出莫兰散点图直观观察,得到如图 5-17 所示散点图:

```
from splot.esda import moran_scatterplot
import matplotlib.pyplot as plt
fig, ax = moran_scatterplot(lm, p = 0.05)
ax.set_xlabel('PURCHASE')
ax.set_ylabel('Spatial Lag)
plt.show()
```

其中,**splot** 包可以以管理员权限打开 cmd,直接用命令 $ pip install splot 安装;或者以管理员权限打开 Anaconda Prompt,用命令 $ conda install splot 安装。

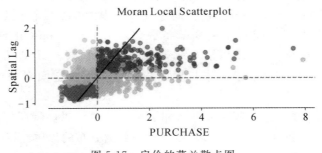

图 5-17　房价的莫兰散点图

可以发现,在所有 p 值显著的数据中,在第一、三象限的值明显比在第二、四象限的更多,这说明房价存在典型的正向空间自相关关系,整体呈现出高-高、低-低的分布模式。

同样我们可以进行局部 G 统计与 G * 统计。

```
>>> lg = esda.G_Local(y, w)
>>> lg_star = esda.G_Local(y, w, star = True)
```

由于代码以及其结果与局部 Moran 值类似,这里就不再一一赘述。

5.5 空间数据库

随着信息技术的发展,空间数据体量逐渐变大,能够高效存储和处理空间信息的空间数据库也逐渐盛行起来。Python 语言提供了便捷的第三方函数包对多种类型的数据库进行操作,包括 MySQL、Oracle、SQL Sever、Postgresql 等主流关系型数据库。

上述几种数据库均有插件(扩展)来对空间数据提供支持,其中笔者认为对空间数据的存储操作支持最好的是 PostGIS 扩展,即面向 Postgresql 数据库的扩展。如前所述,Python 语言提供了 **psycopg** 的包来对 Postgresql 数据库进行操作。

5.5.1 安装 Postgresql 与 Postgis

首先在 Postgresql 与 Postgis 官网上下载对应操作系统版本的安装包。笔者所使用的操作系统是 Windows 10,因此下载对应 Windows 10 版本的安装包即可,如图 5-18 所示。

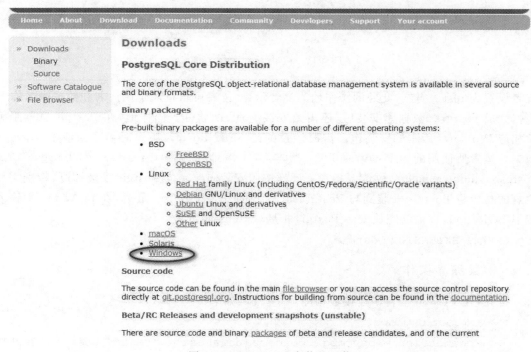

图 5-18 Postgresql 安装包下载

运行安装包以后,按照系统提示即可进行安装,如图 5-19 所示。

安装完成后,使用安装过程中自带的 pgAdmin 工具,连接安装的系统数据库 postgres,超级管理员账户用户名是 postgres,结合安装过程中所设置的密码即可完成全部安装。整个过程 GUI 界面操作简单,对用户非常友好。

首先新建一个普通用户 test,设置为拥有登录权限。然后,新建一个数据库 test,将拥

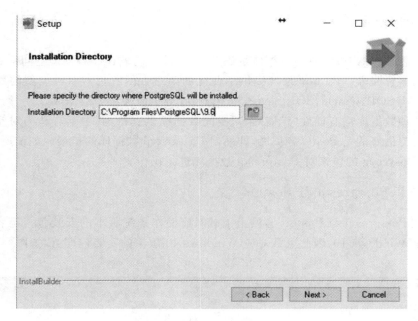

图 5-19　Postgresql 安装界面

有者设置为 test。当然,此处的操作均为笔者示例,读者可自行决定用户名和数据库名称。

完成 postgres 数据库安装后,还需要安装 Postgis 软件。同样地,在 Postgis 官网上下载相应 Windows 版本的安装包。需要注意的是,下载 Postgis 版本时需要对应 Postgresql 版本。笔者所使用的为 Postgresql 9.6 版本,其下载地址为:http://download. osgeo. org/postgis/windows/pg96/,供读者参考。同样按照安装向导完成 Postgis 安装即可,特别需要注意的是应将 Postgis 安装到与 Postgresql 相同的安装位置下。最后,在 pgAdmin 中输入如下 SQL 语句,以最终完成安装 Postgis 扩展(extension):

```
CREATE EXTENSION postgis
```

5.5.2　数据库操作

首先,在 Python 平台中连接数据库,示例代码如下:

```
>>> import psycopg2
>>> connection = psycopg2. connect(database = "test", user = "test",
password = "test")
>>> if connection ! = None:
...     print("Connect successful")
...
Connect successful
```

然后,利用 shp2pgsql 工具的 GUI 界面工具将 LNHP. shp 文件导入数据库中,如图 5-20所示。在 Python 命令行中继续运行以下代码:

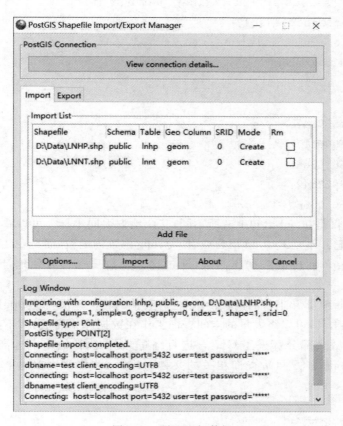

图 5-20　导入空间数据

```
>>>  cursor = connection.cursor()
>>>  sql = "select * from lnhp limit 3"
>>>  cursor.execute(sql)
>>>  result = cursor.fetchall()
>>>  for item in result:
...     print(item[1])
...
215000.0000000000
207500.0000000000
176000.0000000000
```

上述代码中，*Connect* 方法返回一个连接对象，而 *cursor* 方法则会建立一个游标，用于数据库进行 Python 编程。*execute*() 函数则执行相应的 sql 语句，*fetchall* 方法将所有的返回值取出，当然也有 *fetchone* 方法，result 则是一个元组对象，里面存储的是查询的结果。

上面的示例代码是传统的数据库查询操作，而作为空间数据库，有一套专门针对空间信息进行的查询。如图 5-20 所示，先将 LNNT.shp 文件导入数据库，运行如下示例代码：

```
>>> sql = "select st_length(lnnt.geom) from lnnt limit 5 offset 5"
>>> cursor.execute(sql)
>>> result = cursor.fetchall()
>>> for item in result:
...     print(item[0])
...
79.8122797569141
946.477731086117
101.828286836888
127.283148923542
75.4320886620566
```

上述代码仅仅是在 sql 语句上有所不同,其余地方大同小异。可以看到,此处使用了 *st_length*( )函数,它并不是 Python 语言或者 **psycopg** 内置的函数,而是安装了 Postgis 扩展之后,出现在 Postgresql 中的数据库函数,通过这个函数可以很方便地计算出每条道路的长度。

当然,Postgis 有非常丰富的内置函数,也有其他的相关扩展,例如 pgRouting 等。通过这些扩展及函数工具,可以将大量的空间查询工作在数据库中完成,而不必另行开发实现。由于这些扩展函数大部分都采用 C 语言进行编写,故在执行效率上远高于 Python 函数。读者可以去 Postgis 官方网站查询相关的文档,以进一步加强对其他扩展函数的了解与认识。

5.6　思考与练习

1.请读者实现本章中需要读者自行实现的功能。

2.请读者使用 **GDAL** 库实现对 LondonBorough.shp 中空间多边形的 centroid 的计算。

3.请读者使用 **GDAL** 库实现 LNNT.shp 数据集中将每条路的中间的点去掉,只保留首尾两个点的功能,并将新的数据导出成 Shapefile 文件。

4.请读者使用 Postgis 及其扩展,在 Python 平台中计算 LondonBorough.shp 文件中每一个空间多边形的面积。

第6章　Python 网络结构分析

网络结构分析是数据科学中的重要内容,也是空间数据分析过程中常遇到的应用分析场景。本章针对网络数据,介绍如何采用 Python 语言进行基础的网络结构分析。

6.1　函数包 Networkx

网络数据是由节点和连边构成的、呈现高度复杂性的结构体集合。在现实生活中,众多复杂的现象或过程都可以抽象为网络对象进行分析,例如社交网络、电力网络、因特网、交通网络、生物网络等。网络不仅是事物之间关系的表达与展示形式,更是深层次挖掘其统计规律、隐藏特性、结构特征的重要媒介,目前其应用已广泛渗透到社会生活的方方面面。

第三方函数包 **Networkx**(https://pypi.org/project/networkx/) 是 Python 语言专门用于处理复杂网络的第三方函数库,包括创建、操作、分析等网络数据对象功能,如利用 **Networkx** 可以创建标准或者非标准的网络数据格式,而且可以按照特定分布特征产生随机或经典分布的网络,进而分析网络结构,并进行网络数据可视化等操作。

6.2　基础教程

6.2.1　**Networkx** 的安装

对于已经安装了 pip 环境的用户(Python3 默认安装),安装第三模块非常方便,以管理员权限打开 cmd 命令行,在命令行中输入如下命令进行函数包安装:

```
$ pip install networkx
```

安装完毕后,可通过以下两种方式对其进行引用以验证其是否成功安装:

```
>>> import networkx
>>> import network as nx
```

6.2.2　**Networkx** 基础函数

1. Graph 对象定义

图(Graph)对象是以点和线来刻画对象集合中事物间的特定关联关系的数学模型。在现实世界中,Graph 对象普遍存在,如交通运输图、旅游图、流程图等,如用点表示交叉口、用点之间的连线表示道路,这样就可以定义代表交通运输网络的 Graph 对象。

2. Graph 对象构建

具体来说,可通过如下代码函数创建一个新的 Graph 对象:

```
G = nx.Graph()              # 创建无向图
G = nx.DiGraph()            # 创建有向图
G = nx.MultiGraph()         # 创建多重无向图
G = nx.MultiDigraph()       # 创建多重有向图
G.clear()                   # 清空图
```

其中,上述代码的前 4 行分别用于构建无向图、有向图、多重无向图、多重有向图的 Graph 对象框架,而最后一行用于清空当前的 Graph 结构。

3. 边属性定义

首先,针对一个 Graph 对象,边的定义分为两种:不定义权重,即默认均为 1;或定义加权属性,读者可以自定义边的权值。

具体来说,添加默认权重的边代码为:

```
G.add_edges_from([node1_id,node2_id])        # 添加无权边,默认均为 1
```

其中,两个参数 $node1\_id$ 和 $node2\_id$ 分别代表连边两端节点的节点 ID。若是无向图,则连边没有方向,两个节点的位置可以互换;而如果是有向图,则需注意节点 ID 的前后位置与连边方向。

添加自定义加权边的示例代码为:

```
G.add_weighted_edges_from([node1_id,node2_id,weight])   # 添加有权边,权
重为 weight
```

其中,参数 $node1\_id$ 和 $node2\_id$ 的含义与无权边一致,参数 $weight$ 代表的是对应边的权重值。

4. 网络节点数与边数

Graph 对象构建完成后,可利用以下两行代码函数获取网络数据整体的节点数和连边数:

```
G.number_of_nodes()     # 返回网络的节点数
G.number_of_edges()     # 返回网络的连边数
```

5. 平均最短路径

平均最短路径是网络中任意两点之间的最短路径的平均值,该指标一定程度上代表网络的可达性,平均路径越短,代表网络的可达性越好,仅需要较少的代价就可以达到其他节点。

计算 Graph 对象平均最短路径的代码为:

```
avgshortpath = nx.average_shortest_path_length(G)
```

6. 度

Graph 对象中某个节点的度即为与该点相连的边的数目,度越大,代表该节点与其他节点的连通关系越紧密。

计算 Graph 对象节点度的代码为:

```
degrees = G.degree()
```

7. 聚集系数

Graph 对象聚集系数是指网络中的节点倾向于集聚在一起的程度的一种度量;聚集系数越大,说明网络节点之间相互连接的紧密程度越高。

计算聚集系数的函数代码为:

```
clustering = nx.clustering(G)
```

8. 中心性

中心性代表 Graph 对象节点在网络整体中的地位,中心性越高,对应节点的重要程度就越大。**Networkx** 中提供了多种中心性度量指标,包括介数中心性、紧密度中心性、度中心性等。不同的中心性指标代表着不同的衡量标准。例如,介数中心性是指网络中经过某个节点的最短路径的数目占网络中所有最短路径数的比例。

计算介数中心性、紧密度中心性和度中心性的函数代码如下:

```
Betweenness_centrality = nx.betweenness_centrality(G)    # 介数中心性
Closeness_centrality = nx.closeness_centrality(G)        # 紧密度中心性
Degree_centrality = nx.degree_centrality(G)              # 度中心性
```

6.3　基于轨迹数据的拥堵网络分析案例

本节以交通网络拥堵状况为例,介绍网络数据的分析利用场景,主要使用 6.2 节所介绍的方法进行分析挖掘,以期望达到熔炼所学知识并活学活用的目的。本案例数据源为武汉市三环内的出租车轨迹数据以及武汉市的基础道路数据,具体从无拥堵的基础网络构建与计算以及拥堵情况下交通网络的构建与计算等方面进行讲解。首先,设置本节的工作目录为"E:\Python_course\Chapter7\Data",将数据存放于子目录"E:\Python_course\Chapter7\Data\Network"中,由于从原始的轨迹数据到网络对象数据的预处理部分过于繁琐且与本章内容无关,本节直接提供了处理完成的基础网络数据,存放于对应数据目录下。

6.3.1　基础网络构建与计算

本节采用较为原始的方式构建交通复杂网络,即将道路交叉路口作为网络对象的节点,将路口之间的道路作为节点间的边,由此构建对应的网络结构数据,并存储于数据表格中,如图 6-1 所示。数据共包含三列,分别是边的 ID 以及该边对应的两个端点(node1 和 node2)的 ID,这是构建一个网络数据的基本构成。

在构建网络数据的基础上,根据得到的网络 G 进行基础结构指标分析,包括全局结构指标以及局部结构指标。具体指标包括:平均最短路径长度、平均聚集系数等全局指标,以及节点的度、中心性、聚集系数等局部节点指标。具体的分析代码如下:

```
import networkx as nx
import xlrd
import xlwt
import matplotlib.pyplot as plt
import pandas as pd
```

	A	B	C
1	ID	node1	node2
2	0	1306	1462
3	1	1100	1306
4	2	1462	1489
5	3	1459	1462
6	4	1489	1652
7	5	1459	1489
8	6	1652	1714
9	7	1714	1792
10	8	1792	1826
11	9	1649	1652
12	10	1649	1670

图 6-1　网络属性结构数据

```
def buildNetwork(file):
    # 从表格中读入数据,一条记录代表一条边,【序号,node1,node2】
    data = xlrd.open_workbook(file)  # 打开文件
    table = data.sheet_by_name(u'Sheet1')  # 获取表单
    nrows = table.nrows - 1  # 行数
    ncols = table.ncols  # 列数
    matrix = [[0 for col in range(ncols- 1)] for row in range(nrows)]
    for i in range(nrows):
      for j in range(ncols- 1):
          matrix[i][j] = int(table.cell(i + 1, j+ 1).value)
    # 创建 graph(无向无权)
    Glink = nx.Graph()  # 创建了一个没有节点和边的空图
    Glink.add_edges_from(matrix)  # 加入边,对于边中出现的节点会自动添加
    print('网络创建成功!! ')
    print('网络节点个数:',Glink.number_of_nodes())
    print('网络连边个数:',Glink.number_of_edges())
    return Glink

def getNetworkIndex(G,file2):
    """
    计算网络的整体属性:
    1. 可达性:平均最短路径
    2. 紧密程度:平均聚类系数
    3. 连通性:平均度(在网络节点中进行计算,因为是所有节点度的平均值)
    """
    avgshortpath = nx.average_shortest_path_length(G)
```

```
    print (' the  average  shortest  path  length  of  network  G: ',
avgshortpath)
     avgcluster = nx.average_clustering(G)
     print ('the average clustering of network G:',avgcluster)

     """
     计算网络节点的属性:
     1. degree
     2. centrality:betweenness
     3. cluster
     """
     degrees = G.degree()
     # 返回的是一个 dictionary, {node_index:node_degree}
     print ('degrees:',degrees)
     print (nx.degree_histogram(G))   # 返回图中所有节点的度分布序列(从 1
至最大度的出现频次)
     # 网络平均度计算
     degsum = 0
     for de in degrees:
          degsum + = de[1]
     avgdegree = degsum/len(degrees)
     print ('the average degree of network G:', avgdegree)


     betweenness = nx.betweenness_centrality(G)
     print ('betweenness:',betweenness)
     clustering = nx.clustering(G)
     print ('clustering:',clustering)


     # 将之前对节点计算的指标进行保存,输出到表格中
     output = xlwt.Workbook()
     ws = output.add_sheet(u'Sheet1')
     for i in range(G.number_of_nodes()):
          # 依次写入三个指标,分别是 degree,betweenness,clustering
          ws.write(i,0,i) # rowid,colid,value
          ws.write(i,1,degrees[i])
          ws.write(i,2,betweenness[i])
          ws.write(i,3,clustering[i])
     output.save(file2)
```

```python
def indexShow(file):
    # file 的格式：ID degree beteweenness clustering
    df = pd.read_excel(file,header = None)
    print(df.head())
    plt.subplot(221)
    n, bins, patches = plt.hist(df[1], 'auto', facecolor = "b", alpha = 0.75)
    plt.xlabel("degree")
    plt.ylabel("Probability")
    plt.grid(True)

    plt.subplot(222)
    n, bins, patches = plt.hist(df[2], 'auto', facecolor = "b", alpha = 0.75)
    plt.xlabel("betweenness")
    plt.ylabel("Probability")
    plt.grid(True)

    plt.subplot(223)
    n, bins, patches = plt.hist(df[3], bins = 10, facecolor = "b", alpha = 0.75)
    plt.xlabel("clustering")
    plt.ylabel("Probability")
    plt.grid(True)

    plt.show()


if __name__ == '__main__':
    # step1:构建网络
    file1 = 'E:\\Python_course\\Chapter7\\Data\\Network\\Basic_net1.xls'
    G = buildNetwork(file1)
    # step2:计算网络结构指标
    file2 = 'E:\\Python_course\\Chapter7\\Data\\Network\\Net_index1.xls'
    getNetworkIndex(G,file2)
    # step3:指标统计可视化
    indexShow(file2)
```

　　在运行上述代码后,我们可得到基础的无权网络的全局指标,如表 6-1 所示,以及节点的局部指标,存放在命名为 Net_index1.xls 的表格文件中,其频率分布可视化如图 6-2～图 6-4 所示,读者可观察其分布特点。

表 6-1　基础网络的整体结构指标

网络平均最短距离	网络平均聚集性	网络平均度
21.356	0.03358	2.978

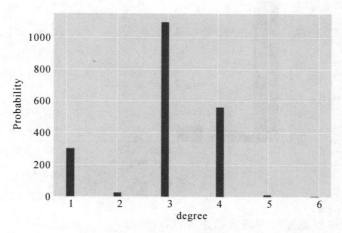

图 6-2　节点度的频数分布

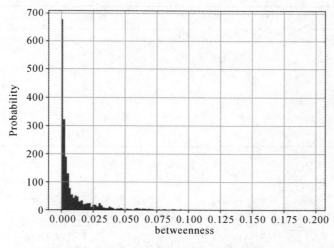

图 6-3　节点介数中心性的频数分布

6.3.2　拥堵网络构建与计算

　　一旦道路上发生拥堵现象,那么道路之间的连通性就会改变,不再是单一的数值 1,而且不同程度的拥堵也会导致连通性出现不同程度的降低。为了描述道路网络拥堵情况,本节在原有的道路网络数据对象上添加权重属性,根据道路上的缓速点平均速度对道路拥堵程度进行评估,将其分为 1～5 五个等级,并分别定义其对应权重,具体数据如表 6-2 所示。

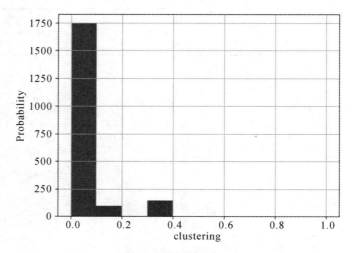

图 6-4 节点聚集系数频数分布

通过重新赋权,最终得到加权网络数据并进行存储,如图 6-5 所示。

表 6-2 道路网络权重定义

平均速度	拥堵等级	权重 1	权重 2
≥25	1	1	1
[22,25)	2	0.8	2
[19,22)	3	0.6	3
[10,19)	4	0.4	4
[0,10)	5	0.2	5

	A	B	C	D	E
1	ID	node1	node2	W1	W2
2	0	1306	1462	0.40000000	4
3	1	1100	1306	0.40000000	4
4	2	1462	1489	0.60000000	3
5	3	1459	1462	1.00000000	1
6	4	1489	1652	0.60000000	3
7	5	1459	1489	1.00000000	1
8	6	1652	1714	1.00000000	1
9	7	1714	1792	0.60000000	3
10	8	1792	1826	0.20000000	5

图 6-5 拥堵网络属性结构数据

需要注意的是,这里提出了两种权重方式。在 **Networkx** 函数包中,基于距离的计算与基于连通的计算中权重含义是不同的:在基于距离的计算中,例如平均距离、介数中心性等,边权越高,代表两个节点之间的距离越远,可达性越差;而在基于连通性的指标计算中,例如度、聚集系数等,边权越高,代表节点之间的联系越紧密,可达性越好。所以,在本节针对不同的指标计算采用不同的权重定义,即对于基于连通的指标,采用权重1;对于基于距离的指标,采用基于距离的权重。

在构建加权道路网络的基础上,计算对应的网络指标,具体示例代码如下:

```
import networkx as nx
import xlrd
import xlwt
import numpy as np
import matplotlib.pyplot as plt
import pandas as pd


def buildNetwork(file):
    # 从表格中读入数据,一条记录代表一条边,【序号,node1,node2,weight】
    data = xlrd.open_workbook(file)  # 打开文件
    table = data.sheet_by_name(u'Sheet1')  # 获取表单
    nrows = table.nrows - 1  # 行数
    ncols = table.ncols  # 列数
    # 以权重1为权重构建矩阵
    matrix1 = [[0 for col in range(ncols-2)] for row in range(nrows)]
    # 以权重2为权重构建矩阵
    matrix2 = [[0 for col in range(ncols-2)] for row in range(nrows)]
    for i in range(nrows):
        for j in range(2):
            matrix1[i][j] = table.cell(i + 1, j + 1).value  # [node1,node2]
            matrix2[i][j] = table.cell(i + 1, j + 1).value  # [node1,node2]
        matrix1[i][2] = table.cell(i+ 1,3).value    # weight1
        matrix2[i][2] = table.cell(i+ 1,4).value     # weight2
    print(matrix1)
    print(matrix2)


    # 创建 graph
    G1 = nx.Graph()  # 创建了一个没有节点和边的空图1
    G1.add_weighted_edges_from(matrix1)  # 加入带权边,生成加权网1
    G2 = nx.Graph() # 创建了一个没有节点和边的空图2
    G2.add_weighted_edges_from(matrix2) # 加入带权边,生成加权网2
    print('网络创建成功!! ')
    print('网络 1 节点个数:',G1.number_of_nodes())
```

153

```
    print('网络 1 连边个数:',G1.number_of_edges())
    print('网络 2 节点个数:', G2.number_of_nodes())
    print('网络 2 连边个数:', G2.number_of_edges())
    return G1,G2


def getNetworkIndex(G1,G2,file2):
    """
    计算网络的整体属性:
    1. 可达性:平均最短路径
    2. 紧密程度:平均聚类系数
    3. 连通性:平均度(在网络节点中进行计算,因为是所有节点度的平均值)
    """
    avgshortpath = nx.average_shortest_path_length(G2,weight = 'weight')
    print('the average shortest path length of network G:',avgshortpath)
    avgcluster = nx.average_clustering(G1,weight = 'weight')
    print('the average clustering of network G:',avgcluster)


    """
    计算网络节点的属性:
    1. degree   G1
    2. centrality:betweenness   G2
    3. cluster   G1
    """
    degrees = G1.degree(weight = 'weight')  # 返回的是一个 dictionary,
{node_index:node_degree}
    print('degrees:',degrees)
    # 网络平均度计算
    degsum = 0
    for de in degrees:
        degsum + = de[1]
    avgdegree = degsum / len(degrees)
    print('the average degree of network G:', avgdegree)
    betweenness = nx.betweenness_centrality(G2,weight = 'weight')
    print('betweenness:',betweenness)
    clustering = nx.clustering(G1,weight = 'weight')
    print('clustering:',clustering)


    # 将之前对节点计算的指标进行保存,输出到表格中
```

```python
    output = xlwt.Workbook()
    ws = output.add_sheet(u'Sheet1')
    for i in range(G1.number_of_nodes()):
        # 依次写入三个指标,分别是 degree,betweenness,clustering
        ws.write(i,0,i) # rowid,colid,value
        ws.write(i,1,degrees[i])
        ws.write(i,2,betweenness[i])
        ws.write(i,3,clustering[i])
    output.save(file2)


def indexShow(file):
    """
    节点指标分布可视化
    """
    df = pd.read_excel(file, header = None)
    print(df.head())

    plt.subplot(221)
    n, bins, patches = plt.hist(df[1], 'auto', facecolor = "g", alpha = 0.75)
    plt.xlabel("degree")
    plt.ylabel("Probability")
    plt.grid(True)


    plt.subplot(222)
    n, bins, patches = plt.hist(df[2], 'auto', facecolor = "g", alpha = 0.75)
    plt.xlabel("betweenness")
    plt.ylabel("Probability")
    plt.grid(True)


    plt.subplot(223)
    n, bins, patches = plt.hist(df[3], bins = 10, facecolor = "g", alpha = 0.75)
    plt.xlabel("clustering")
    plt.ylabel("Probability")
    plt.grid(True)
    plt.show()
if __name__ == '__main__':
    file1 = 'E:\\Python_course\\Chapter7\\Data\\Network\\Basic_net2.xls'
    G1,G2 = buildNetwork(file1)
    file2 = 'E:\\Python_course\\Chapter7\\Data\\Network\\Net_index2.xls'
```

```
getNetworkIndex(G1,G2,file2)
indexShow(file2)
```

通过运行上述代码,能够得到加权道路网络的全局指标,如表 6-3 所示。同时可计算节点的局部指标,存放在命名为 Net_index2.xls 的表格文件中,其频率分布可视化结果如图 6-6～图 6-8 所示,可发现与上节中的非加权道路网络所得到的结果截然不同。

表 6-3　拥堵网络的整体结构指标

网络平均最短距离	网络平均聚集性	网络平均度
74.451	0.016731	1.388

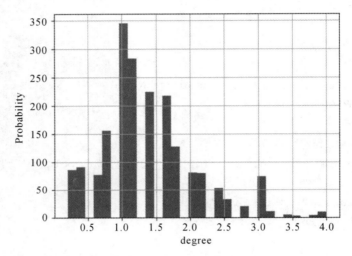

图 6-6　节点度的频数分布

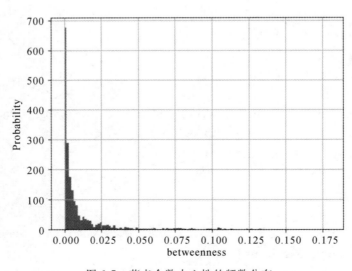

图 6-7　节点介数中心性的频数分布

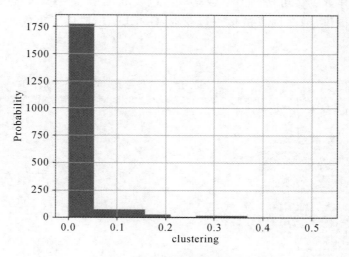

图 6-8　节点聚集系数频数分布

6.3.3　对比分析

通过前两节的计算,我们得到了基础网络的统计指标以及描述拥堵状态的加权网络的统计指标,通过对比可以发现:

(1) 在拥堵状态下,网络整体的可达性降低,任意两点间的平均距离大大增加;平均度和平均聚集系数均呈现降低趋势,说明网络的整体紧密程度与连通性遭到破坏;

(2) 拥堵网络中节点的度、聚集系数和中心性等指标相较于基础网络,均明显降低,说明大部分节点的性能均低于无拥堵时刻的性能。

上述现象说明拥堵对网络的连通性、紧密程度与可达性等都会造成很大程度的破坏,导致无论整体网络还是单个节点的性能都大大降低,进而导致网络的退化甚至崩溃。这些结论也与平常的实际情况相符,当拥堵发生时,道路间的连通以及道路本身的可行性都会受到一定程度的影响,降低道路的连通性能,增加居民出行的时间。

6.4　基于 GDELT 的国家关系网络分析案例

为了进一步理解复杂网络分析效果,本节采用全球事件、语言和语气数据库(Global Database of Events,Language,and Tone,GDELT)数据作为案例,从数据处理与数据分析两个方面来进行讲解。同样,约定本章的工作目录是"E:\Python_course\Chapter7\Data",对应案例数据存放于子目录"E:\Python_course\Chapter7\Data\ GDELT201712"中。

6.4.1　数据获取

GDELT 是一个免费公开的新闻数据库,实时监测世界上印刷、广播、网络媒体中的新闻,并对其进行分析,提取出人物、地点、组织和事件类型等关键信息,数据涵盖了从 1979

年至今的新闻媒体数据。可从网上下载获取本次实验数据。GDELT 的数据集都以 CSV 表格的压缩形式提供，通过网页链接进行获取，GDELT 也提供了集成所有发布数据的网页，如图 6-9 所示。

图 6-9　数据获取网站截图

　　本次案例使用的数据为 GDELT Event1.0 的 2017 年 12 月的所有数据，GDELT Event1.0 数据为每天一个 CSV 文件，所以一共可获得 31 个 CSV 文件。

　　GDELT Event1.0 数据中共有 58 个字段，包括一条新闻中的参与者、事件、位置等信息，本次案例中主要使用以下字段：Actor1Geo_CountryCode，Actor1Geo_Lat，Actor1Geo_Long，Actor2Geo_CountryCode，Actor2Geo_Lat，Actor2Geo_Long。其中，Actor1Geo_CountryCode 为参与者 1 的国家编码，Actor1Geo_Lat 为参与者 1 所处地理位置的纬度，Actor1Geo_Long 为参与者 1 所处地理位置的经度。以此类推，Actor2Geo_CountryCode，Actor2Geo_Lat，Actor2Geo_Long 分别标识参与者 2 所处位置的国家编码和经纬度。

6.4.2　数据处理

　　本节主要讲述 GDELT 数据的读取与处理。因为 GDELT 提供的数据均为比较规范的 CSV 格式数据，我们的数据预处理只需要将存在空值的行删除即可，具体代码如下：

```
import pandas as pd
import os

def file_name(file_dir): # 获取子目录下的所有文件
    for root, dirs, files in os.walk(file_dir):
```

```
    return files

filePath = 'E:/Python_course/Chapter7/Data/'
dataTime = 'GDELT201712'
files_name = file_name(filePath + dataTime + '/')
fileIn = pd.DataFrame()

# 读取 2017 年 12 月的所有数据并合并
for name in files_name:
    dataRead = pd.read_csv(filePath + dataTime + '/' + name,sep = '\t')
    dataRead.columns = ['GLOBALEVENTID', 'SQLDATE', 'MonthYear', 'Year',
'FractionDate', 'Actor1Code', 'Actor1Name',
    'Actor1CountryCode', 'Actor1KnownGroupCode', 'Actor1EthnicCode',
'Actor1Religion1Code',
    'Actor1Religion2Code', 'Actor1Type1Code', 'Actor1Type2Code', 'Actor1
Type3Code', 'Actor2Code',
    'Actor2Name', 'Actor2CountryCode', 'Actor2KnownGroupCode', 'Actor2
EthnicCode', 'Actor2Religion1Code',
    'Actor2Religion2Code', 'Actor2Type1Code', 'Actor2Type2Code', 'Actor2
Type3Code', 'IsRootEvent',
    'EventCode', 'EventBaseCode', 'EventRootCode', 'QuadClass', 'Gold
steinScale', 'NumMentions',
    'NumSources', 'NumArticles', 'AvgTone', 'Actor1Geo_Type', 'Actor1Geo
_FullName',
    'Actor1Geo_CountryCode', 'Actor1Geo_ADM1Code', 'Actor1Geo_Lat',
'Actor1Geo_Long',
    'Actor1Geo_FeatureID', 'Actor2Geo_Type', 'Actor2Geo_FullName',
'Actor2Geo_CountryCode',
    'Actor2Geo_ADM1Code', 'Actor2Geo_Lat', 'Actor2Geo_Long', 'Actor2Geo
_FeatureID', 'ActionGeo_Type',
    'ActionGeo_FullName', 'ActionGeo_CountryCode', 'ActionGeo_ADM1Code
', 'ActionGeo_Lat',
    'ActionGeo_Long', 'ActionGeo_FeatureID', 'DATEADDED', 'SOURCEURL']
    dataRead = dataRead[['Actor1Geo_CountryCode', 'Actor1Geo_Lat',
'Actor1Geo_Long', 'Actor2Geo_CountryCode', 'Actor2Geo_Lat', 'Actor2Geo_
Long', 'QuadClass']]
    dataRead = dataRead.dropna()  # 删除有空值的行
```

```
fileIn = pd.concat([fileIn , dataRead])
```

6.4.3　构建国家关系网络

在完成了 GDELT 数据处理之后，便可构建国家关系网络，具体分为如下两个步骤：

（1）统计国家出现的次数以及它们之间的交互次数。对每条数据，即每个事件，提取出其两个主要参与者的国家代码和经纬度信息，如果两个参与者在不同的国家，则两个国家的出现次数分别加 1，代表参与事件的次数，这两个国家的交互次数也加 1，代表两个国家共同参与事件的次数。

（2）添加节点和边信息。以两个国家的交互次数为权重，添加边即可构建网络，对应的国家自动成为节点。

首先可统计每个国家出现的次数和它们之间的交互次数，并将统计结果输出到文件中，代码如下：

```
from collections import defaultdict
fileIn = fileIn.reset_index(drop = True)  # 重新生成索引  # 初始化国家网络
nodeCountCon = defaultdict(int)  # 国家网络节点计数
edgeCountCon = defaultdict(int)  # 国家网络连边计数 # 国家间网络，对节点和边进行计数
defcountCon(fileIn):
    for indexs in fileIn.index:
        Actor1Country = fileIn.loc[indexs].values[0]
        Actor2Country = fileIn.loc[indexs].values[3]
    if Actor1Country != Actor2Country:  # 避免自环
    nodeCountCon[Actor1Country] += 1  # 计数+1
    nodeCountCon[Actor2Country] += 1  # 计数+1
    if (Actor2Country, Actor1Country) in edgeCountCon.keys():
        edgeCountCon[(Actor2Country, Actor1Country)] += 1
    else:
        edgeCountCon[(Actor1Country, Actor2Country)] += 1
countCon(fileIn)
# 转换格式并输出
fileResults = 'E:/Python_course/Chapter7/Results/'
# 国家网络
dicfile = open(fileResults +'nodeList_' +dataTime +'.csv','w')
print('node',',','numCount',file = dicfile)
for node,numCount in nodeCountCon.items():
print(node,',',numCount,file = dicfile)
```

160

```
dicfile.close()
dicfile = open(fileResults +'edgeList_' +dataTime +'.csv','w')
print('edgeNode1',',','edgeNode2',',','numCount',file = dicfile)
for edge,numCount in edgeCountCon.items():
    print(edge[0],',',edge[1],',',numCount,file = dicfile)
dicfile.close()
```

之后,利用上面统计得到的信息为网络添加节点和边,构建国家交互网络,并将网络输出为图数据 GEXF 文件格式,具体代码如下:

```
import pandas as pd
import networkx as nx
resultPathCon = 'E:/Python_course/Chapter7/Results/'
gexfPath = 'E:/Python_course/Chapter7/gexf/'
dataTime = '1712'
# 获取数据
nodeList = pd.read_csv(resultPathCon +'nodeList_' +dataTime +'.csv')
edgeList = pd.read_csv(resultPathCon +'edgeList_' +dataTime +'.csv')
nodeList.columns = ['node', 'numCount']
edgeList.columns = ['edgeNode1', 'edgeNode2', 'numCount']
# 初始化网络
graphCon = nx.Graph()

# 根据输入文件构建国家关系网络
def graphCountry(nodeList, edgeList):
    for indexs in edgeList.index:
        graphCon.add_edge(edgeList.edgeNode1[indexs].strip(),
edgeList.edgeNode2[indexs].strip(), weight = edgeList.numCount[indexs])
    graphCountry(nodeList, edgeList)
    nx.write_gexf(graphCon, gexfPath +'graph_' +dataTime +'.gexf') # 输出为
Gephi 格式
```

6.4.4 国家关系网络的统计特征分析

在国家关系网络构建完成后,对国家关系网络的统计特征进行分析,计算其主要统计特征,包括平均度、平均聚类系数、平均路径长度、图密度、同配性等。接下来,对这些统计特征的计算方法进行一一介绍。

1. 网络的节点数和边数

网络的节点数和边数是网络最基本的属性,其计算代码如下:

```
print('nodes number = ' +str(graph.number_of_nodes()))  # 输出网络节
```

点数

```
print('edges number = ' +str(graph.number_of_edges()))  # 输出网络连
```

边数

运行代码,得到网络的节点数和边数分别为 247 和 9107。

2. 平均度

平均度是指网络中所有节点的平均度值,其计算代码如下:

```
deg = nx.degree(graph)  degSum = 0  for degree in deg:      degSum +=
degree[1]  degAver = degSum / len(deg)
```

```
print('average degree = ' +str(degAver)) # 输出平均度
```

运行代码,得到网络的平均度为 73.7409。

3. 平均聚类系数

网络的平均聚类系数是指网络中所有节点的聚类系数的平均值,衡量整个网络的连通
和聚集程度,其具体计算代码如下:

```
print('average clustering = ' +str(nx.average_clustering(graph, count_
zeros = True))) # 输出平均聚类系数
```

运行代码,得到网络的平均聚类系数为 0.6749。

4. 平均路径长度

平均路径长度的计算代码如下:

```
print('average shortest path length = ' +str((nx.average_shortest_path_
length(graph))))  # 输出网络平均路径长度
```

运行上述代码,可发现由于网络不是一个全连接的网络,无法得到网络的平均路径
长度。

5. 图密度

图密度是衡量网络图结构完备性的一种测度,表示网络关系的数量与复杂程度,其计算
代码如下:

```
print('density = ' +str(nx.density(graph)))  # 输出图密度
```

运行上述代码,得到网络的图密度为 0.3,说明该网络的连接是较为稀疏。

6. 同配性

网络同配性是指网络两节点之间的连接是否与节点的性质相关,其计算代码如下:

```
print(str(nx.degree_assortativity_coefficient(graph))) # 度同配性
```

```
print(str(nx.attribute_assortativity_coefficient(graph, 'country')))
```

属性同配性

运行上述代码,得到网络的度同配系数和属性同配系数分别为 −0.169 和 NaN,表示后
者无法计算。

6.4.5　国家关系网络的幂律分布特征分析

对网络的基本统计特征进行分析后,可通过绘制国家关系网络的节点强度及边强度的

分布图,探索国家间交互的差异。

1. 节点强度分布

节点强度即为加权度,代表某时间段内一个国家与其他国家共同参与事件的总次数,通过统计国家交互网络的节点强度的分布情况,可以观察国家间交互频次的差异,节点强度分布图绘制代码如下:

```python
import math
import matplotlib.pyplot as plt
import seaborn as sns from scipy.optimize
import curve_fit   # 按频率排序
nodeSort = nodeList.sort_values(by = ['numCount'], ascending = False)
nodeCountData = list(nodeSort['numCount'])
edgeSort = edgeList.sort_values(by = ['numCount'], ascending = False)
edgeCountData = list(edgeSort['numCount'])# 绘图配色
sns.set(color_codes = True)   # 自定义函数幂律形式
def func(x, a, b):
return a * pow(x, b)   # 绘制节点强度分布图
def nodeFreq():
rank = np.arange(len(nodeCountData)) + 1
plt.figure()
plt.scatter(rank, nodeCountData, alpha = 0.7)
plt.ylabel('Frequency')
plt.xlabel('rank')
plt.rcParams['font.sans- serif'] = ['SimHei']   # 用来正常显示中文标签
plt.title('国家网络节点强度分布图(Events 表' + dataTime + ')')# 双对数坐标图
logrank = []
for i in rank:
logrank.append(math.log10(i))
logNodeCount = []
for countData in nodeCountData:
logNodeCount.append(math.log10(countData))
plt.figure()
plt.scatter(logrank, logNodeCount)
plt.title('国家网络节点强度分布图(双对数)(Events 表' + dataTime +')')
plt.ylabel('log(Frequency)')
plt.xlabel('log(rank)')
plt.rcParams['axes.unicode_minus'] = False   # 用来正常显示负数
```

```
nodeFreq()
```

运行上述代码,得到的国家网络节点强度分布图如图 6-10(a)、(b)所示。

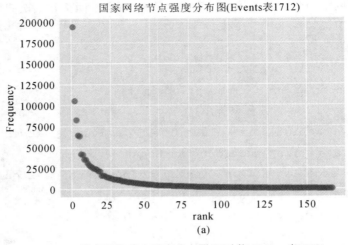

(a)

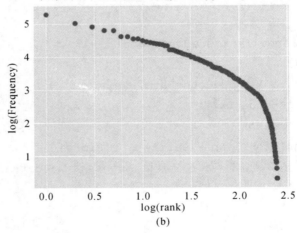

(b)

图 6-10　国家网络节点强度分布图

2. 边强度分布

边强度即为边权值,代表某时间段内对应两个国家共同参与事件的总次数,边强度分布图的绘制代码如下:

```
# 绘制边强度分布图
def edgeFreq():
    rank = np.arange(len(edgeCountData)) + 1
    plt.figure()
    plt.scatter(rank, edgeCountData, alpha = 0.7)
```

```
plt.ylabel('Frequency')
plt.xlabel('rank')
plt.rcParams['font.sans - serif'] = ['SimHei']  # 用来正常显示中文
标签
plt.title('国家网络边强度分布图(Events 表' + dataTime +')')
# 双对数坐标图
logrank = []
for i in rank:
    logrank.append(math.log10(i))
    logEdgeCount = []
for countData in edgeCountData:
    logEdgeCount.append(math.log10(countData))
    plt.figure()
    plt.ylabel('log(Frequency)')
    plt.xlabel('log(rank)')
    plt.rcParams['axes.unicode_minus'] = False
    plt.scatter(logrank, logEdgeCount)
    plt.title('国家网络边强度分布图(双对数)(Events 表' + dataTime +')')
edgeFreq()
```

运行上述代码,得到的国家网络边强度分布图如图 6-11(a)、(b)所示,可发现其呈现典型的幂律分布特征。

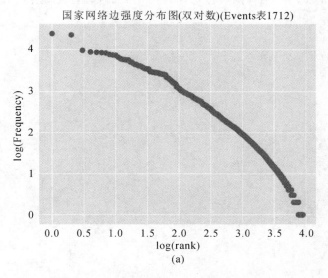

图 6-11 国家网络边强度分布图(1)

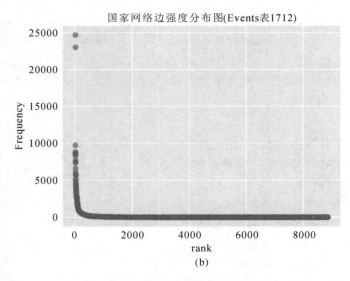

图 6-11　国家网络边强度分布图(2)

6.5　思考与练习

1.请读者实现本章中的两个应用案例：基于轨迹数据的拥堵网络分析案例、基于 GDELT 的国家关系网络分析案例。

2.利用 **Networkx** 网络结构函数包选择其他相关的数据，完成基于 Python 的网络结构探测实验及分析。

第 7 章　Python 三维点云数据处理

　　三维数据是由三个坐标轴所决定的空间中的数据,通常由激光扫描仪、深度相机、双目视觉等设备获取,可以捕捉物体或空间的形状、大小、颜色以及其他属性,因而可以帮助我们更加直观地感知真实世界。常见的三维数据表示方式如图 7-1 所示,包括点云、网格、体素、深度图。

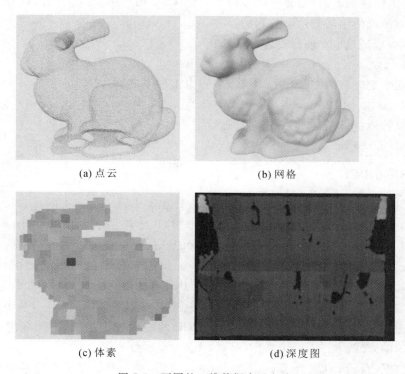

(a) 点云　　　　　　　　　(b) 网格

(c) 体素　　　　　　　　　(d) 深度图

图 7-1　不同的三维数据表示方式

　　点云数据通常是指一系列三维点的集合,其中每个点包含位置、强度、颜色等信息。其通过算法处理,可以被应用于三维建模、地图构建、机器人视觉等领域,是一种重要的三维数据表示形式。Python 作为一种流行的编程语言,同样具有许多用于处理点云数据的函数包,通过安装各种不同类型的函数包,可以方便地调用其中的算法对点云进行处理。下面对点云处理中常用的函数包进行介绍,并以 **Open3D** 为例,深入了解点云处理的基本算法。

7.1　点云处理函数包

7.1.1　Open3D

Open3D 是由 QianYi Zhou 等人负责开发和维护的一个开源点云处理库（http：//www.open3d.org/）。它提供了许多点云数据的处理算法，包括点云配准、分割、特征提取、重建等，支持多种点云数据格式的读取，如 xyz、pcd、ply 等，同时也支持 RGBD 重建、视觉里程计等应用。**Open3D** 的底层采用 C++编写，可以在多核 CPU 和 GPU 上高效地运行，使用了先进的优化技术，例如 OpenCL 和 CUDA 等，以提高处理大型点云数据集的效率。同时 **Open3D** 还提供了丰富的文档和示例，帮助用户快速上手，其可以在 Windows、Linux 和 macOS 等操作系统上运行，并提供了跨平台的 C++和 Python 接口，用户可以在不同的操作系统上方便地使用函数包中的算法。

Open3D 可以通过 pip 进行安装，命令如下：

```
pip install open3d
```

如果只安装更轻量的 CPU 版本，可以通过以下命令安装：

```
pip install open3d-cpu
```

在完成安装后，可使用如下方式对其进行引用：

```
import open3d as o3d
```

7.1.2　Python-PCL

Python-PCL 是 C++中常用的开源点云算法处理库 PCL（Point Cloud Library）所扩展得来的 Python 函数包，由 Strawlab 等人负责维护（https：//github.com/strawlab/python－pcl）。与其 C++版本相比，Python 版本所包含的算法模块有限，且更新较慢，目前支持的模块包括点云数据的读写、滤波、平滑、分割等。如果用户习惯在 C++环境中使用 PCL 库进行开发，那么在 Python 环境中可以通过安装 **Python-PCL** 来进行对应功能的编写，两者所对应的函数接口较为相似。目前在 Windows 系统中安装 **Python-PCL** 有从源码编译和安装预编译的包两种方式。从源码编译 **Python-PCL** 的过程较为繁琐，下面介绍通过预编译的包进行安装的方式。

首先在官网上下载对应 Python 版本的.whl 文件，然后将其放置在安装目录下并打开控制台输入以下命令：

```
pip install python_pcl- xxx.whl
```

其中，xxx 为对应的版本号，安装完成后可通过如下方式对其进行引用：

```
import pcl
```

7.1.3　point cloud utils

point cloud utils 是由 github 开源社区所开发和维护的一个简单易用的三维点云及网格处理库，主要维护人为 Francis Williams（https：//github.com/fwilliams/point-cloud-utils)。算法库中主要的功能包括网格及点云数据读取、点云下采样、法向量计算、点云间距离计算等。相较于其他点云算法库，**point cloud utils** 更聚焦在对点云以及网格数据的预处理以及属性计算上，对于分割等后处理算法则涉及较少。

point cloud utils 可以通过 pip 进行安装，命令如下：

```
pip installpoint-cloud-utils
```

在完成安装后，可使用如下方式对其进行引用：

```
import point-cloud-utils as pcu
```

7.1.4 laspy

点云数据作为一种数据量庞大的三维数据，在计算机系统中具有多种文件存储格式，如 pcd、ply、txt、pts、las 等。其中，las 格式是点云数据的一种工业标准格式，以二进制文件格式存储，其目的是提供一种开放的格式标准，允许不同的软件和硬件提供商输出可互操作的统一格式。las 文件通常分为三个部分，包括公用文件头、变量长度记录以及点数据记录，其按照每条扫描线的排列方式存放数据，包括激光点的三维坐标、多次回波属性、强度、gps 时间、颜色等信息。通过 las 格式存储的点云便于设备的统一读取和写入，但读取该文件信息的过程则较为繁琐，为了简化这个过程，开发者贡献了各种开源算法库来解算 las 格式的点云。其中，**laspy** 库便是 Python 环境中常用的处理 las 格式点云的算法库之一。

laspy 可以通过 pip 进行安装，命令如下：

```
pip install laspy
```

在完成安装后，可使用如下方式对其进行引用：

```
import laspy
```

7.2 Open3D 点云基础操作

虽然 Python 中有许多处理点云数据的函数包，但相较其他函数包，**Open3D** 库具有易于使用、跨平台、高效等优点。同时，**Open3D** 还具有详细的用户文档以及大量教程实例和演示数据，社区内部活跃且更新维护快，用户可以快速方便地上手使用。后续本章将以 **Open3D** 为基础，对点云数据处理中的基本算法进行示例讲解。

7.2.1 数据读写

数据读写是点云处理中的基础环节，**Open3D** 所支持的点云文件格式如表 7-1 所示。可以通过运行以下代码来读取点云文件：首先导入 **Open3D** 库，然后可以通过 data 模块来获取 **Open3D** 中自带的示例数据。如果目录中未包含此数据，则 **Open3D** 会自动地进行下载。如果需要读取自己的数据，只需要将 *read_point_cloud* 函数中的参数修改为对应的数据路径即可。

```
import open3d as o3d
pcd_data = o3d.data.PCDPointCloud()
pcd = o3d.io.read_point_cloud(pcd_data.path)
```

```
print(pcd)
```

PointCloud with 113662 points.

读取完成后,可以通过以下函数保存点云,其中第一个函数参数为点云保存路径,第二个函数参数为点云文件:

```
o3d.io.write_point_cloud("example_pointcloud.pcd", pcd)
```

表 7-1　Open3D 支持的点云文件格式

文件格式	说　　明
xyz	每一行的格式为[x, y, z],其中 x, y, z 是 3D 点的坐标
xyzn	每一行的格式为 [x, y, z, nx, ny, nz],其中 nx, ny, nz 为点的法向量
xyzrgb	每一行的格式为[x, y, z, r, g, b],其中 r, g, b 是颜色信息,为[0, 1]之间的浮点数
pts	相较于前三种文件格式,第一行写入了点的数量,后面开始每一行为点的信息
ply	一种用于存储图形对象的格式,该图形对象被描述为多边形的集合,可以同时包括点云和网格数据
pcd	对应 PCL 库中自带的点云格式

Open3D 支持读写的 mesh 文件格式如表 7-2 所示,可通过 *read_triangle_mesh* 和 *write_triangle_mesh* 对其进行读写:

```
mesh_data = o3d.data.KnotMesh()
mesh = o3d.io.read_triangle_mesh(mesh_data.path)
print(mesh)
o3d.io.write_triangle_mesh("example_mesh.ply", mesh)
```

TriangleMesh with 1440 points and 2880 triangles.

表 7-2　Open3D 支持的网格文件格式

文件格式	说　　明
ply	同表 7-1 中 ply 一致
stl	由一系列的三角面片构成表示,用以描述三维物体的表面几何形状,通常作为 3D 打印的标准格式
obj	Alias|Wavefront 公司所开发的一种标准 3D 模型文件格式,可用于 3D 软件模型之间的互相转换
off	是一种 3D 文本格式,通过定义点、线、面的方式来描述 3D 物体
gltf/glb	类似于图形中的 jpeg 格式,为一个标准的 3D 场景和模型文件格式

rgbd 图像一般由 rgbd 相机获取,不仅包括 rgb 彩色图像信息,还包括深度图像信息,其中深度图中每个像素的值即为从物体到相机的距离,以此来描述三维场景。**Open3D** 中可以通过 *read_image* 和 *write_image* 函数读写图片,为方便对图像进行可视化,同时还导入了可视化函数包 **matplotlib**,示例代码如下,可视化图像如图 7-2 所示:

```
tum_data = o3d.data.SampleTUMRGBDImage()
depth = o3d.io.read_image(tum_data.depth_path)
color = o3d.io.read_image(tum_data.color_path)
fig, axs = plt.subplots(1, 2)
axs[0].imshow(np.asarray(color))
axs[1].imshow(np.asarray(depth))
o3d.io.write_image("example_color.jpg", color)
o3d.io.write_image("example_depth.jpg", depth)
```

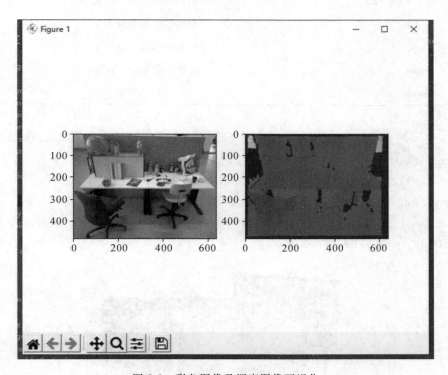

图 7-2 彩色图像及深度图像可视化

7.2.2 可视化

在读取点云数据后,通常还需对其进行可视化来观察所获取点云数据的质量。**Open3D** 中提供了非常简单易用的可视化接口,即 visualization 模块中的 *draw_geometries* 函数,可以设置函数中的参数来实现自定义的渲染功能,如表 7-3 所示。

表 7-3　*draw_geometries* 函数参数说明

参　　　数	说　　　明
geometry_list	需要可视化的实体列表,可以包括点云、网格以及图像数据
window_name	可视化窗口的显示标题
width	可视化窗口的宽度
height	可视化窗口的高度
left	可视化窗口的左边距
top	可视化窗口的上边距
point_show_normal	如果设置为 true,则可视化点法线
mesh_show_wireframe	如果设置为 true,则可视化网格线框
mesh_show_back_face	可视化网格三角形的背面
lookat	相机的主视方向向量
up	相机的俯视方向向量
front	相机的前视方向向量
zoom	相机的焦距

以下为一段对示例点云进行可视化的代码,**Open3D** 点云可视化图像如图 7-3 所示:

```
pcd_data = o3d.data.PCDPointCloud()
pcd = o3d.io.read_point_cloud(pcd_data.path)
o3d.visualization.draw_geometries([pcd], zoom = 0.3412,
front = [0.4257, - 0.2125, - 0.8795], lookat = [2.6172, 2.0475,1.532],up
= [- 0.0694, - 0.9768, 0.2024])
```

图 7-3　**Open3D** 点云可视化

7.2.3　点云预处理

由于原始采集的点云数据不可避免地会存在数据量大、噪声点多等特点,因此有必要对点云进行预处理操作,包括下采样、噪声点去除、法向量计算、点云裁剪等操作,从而获取高质量的点云数据,便于后续的应用。接下来我们将使用 **Open3D** 所提供的一系列函数接口来实现对点云的预处理操作。

首先加载示例数据:

```
pcd_data = o3d.data.PCDPointCloud()
pcd = o3d.io.read_point_cloud(pcd_data.path)
```

然后使用点云对象类中自带的 *voxel_down_sample* 函数对点云进行下采样,其中 voxel_size 参数为设置体素网格的大小,值越大采样后的点云越稀疏。下采样完成后对点云进行可视化,如图 7-4 所示。

```
voxel_down_pcd = pcd.voxel_down_sample(voxel_size = 0.02)
o3d.visualization.draw_geometries([voxel_down_pcd])
```

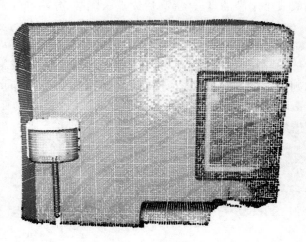

图 7-4　下采样点云可视化

通过点云对象类中自带的 *estimate_normals* 函数可以计算点云中每个点的法向量信息,其中 *search_param* 为设置法向量计算的参数,示例中使用 *KDTree* 建立索引对邻域进行搜索,搜索半径 radius 为 0.1,最大邻域点 max_nn 为 30。法向量计算完成后对其进行可视化,如图 7-5 所示。

```
voxel_down_pcd.estimate_normals(
search_param = o3d.geometry.KDTreeSearchParamHybrid(radius = 0.1, max_
nn = 30))
o3d.visualization.draw_geometries([voxel_down_pcd], point_show_normal
= True)
```

图 7-5　点云法向量可视化

由于获取点云的设备误差以及测量过程中的不确定性等因素，原始点云不可避免地会存在噪声点，为了获取一个干净的点云，提高后续点云配准、分割等处理算法的精度，需要对原始点云进行滤波。常见的滤波方法有两种：①统计滤波，对于每个点，计算从它到其最近的 k 个点的平均距离，并拟合一个高斯分布计算其均值与方差，平均距离在标准范围之外的点，可以被定义为离群点并从数据中去除；②半径滤波，给定一个邻域半径并计算点的数量，当数量大于阈值时，则保留该点，当数量小于阈值时则剔除该点。**Open3D** 中对应统计滤波的函数为 *remove_statistical_outlier*，输入的参数为用以计算平均距离的邻域点数 nb_neighbors 和方差的倍数 std_ratio，其中标准范围即为平均距离加上方差的倍数；半径滤波对应的函数为 *remove_radius_outlier*，输入的参数为邻域半径 radius 和邻域所应包含的最低点数 nb_points。示例代码如下：

```
print("Statistical oulier removal")
cl, ind = voxel_down_pcd.remove_statistical_outlier(nb_neighbors = 20,
std_ratio = 2.0)
print("Radius oulier removal")
cl, ind = voxel_down_pcd.remove_radius_outlier(nb_points = 16, radius
= 0.05)
```

通过函数返回的 ind 索引值可以对原点云进行筛除，得到滤波后的点云。

如果我们只想对点云中特定的对象进行分析，则可以通过裁剪操作对原始点云进行编辑，获取感兴趣区域的点云。在 **Open3D** 中可以通过 visualization 模块中的 *read_selection_polygon_volume* 函数来裁剪点云，函数的输入为一个 json 文件路径，里面包括了由点集所构成的裁剪框，裁剪前后的点云如图 7-6 所示。

```
demo_crop_data = o3d.data.DemoCropPointCloud()
pcd = o3d.io.read_point_cloud(demo_crop_data.point_cloud_path)
pcd_data = o3d.data.PCDPointCloud()
o3d.visualization.draw_geometries([pcd])
```

```
vol = o3d.visualization.read_selection_polygon_volume(demo_crop_data.
cropped_json_path)
chair = vol.crop_point_cloud(pcd)
o3d.visualization.draw_geometries([chair])
```

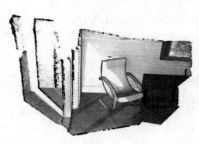 

(a) 裁剪前   (b) 裁剪后

图 7-6 裁剪前后的点云

当我们需要计算点云块的体积以及面积,或者进行一些碰撞检测时,通常会涉及包围盒的计算,包围盒主要分为 aabb 和 obb 两种,通常 obb 包围盒更贴近点云的真实分布,但是计算更加复杂。**Open3D** 提供了如下这两种包围盒的计算函数,两种包围盒如图 7-7 所示:

```
aabb = chair.get_axis_aligned_bounding_box()
aabb.color = (1, 0, 0)
obb = chair.get_oriented_bounding_box()
obb.color = (0, 1, 0)
o3d.visualization.draw_geometries([chair, aabb, obb])
```

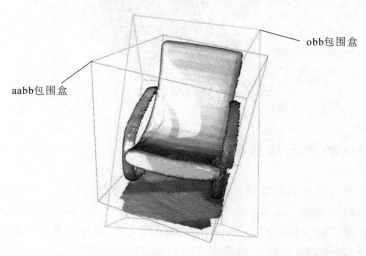

图 7-7 点云 aabb 包围盒和 obb 包围盒

175

7.2.4　关键点提取

关键点指的是点云中几何特征较为丰富的点,如转角点等,提取点云中的关键点不仅能够提高分类、配准等处理算法的效率,更能提升其精度。**Open3D** 中提供了内部形状描述子 ISS(Intrinsic Shape Signatures)关键点的提取方法,ISS 是一种表示立体几何形状的方法,主要用来描述点云的局部区域特征,通过构建点的局部邻域坐标系,并计算协方差矩阵和特征值来构建关键点。其对应的函数接口为 $geometry.keypoint.compute\_iss\_keypoints$,示例代码如下,提取兔子对应的 ISS 关键点并标记为红色进行可视化,如图 7-8 所示:

```
Bunny_data = o3d.data.BunnyMesh()
mesh = o3d.io.read_triangle_mesh(Bunny_data.path)
pcd = o3d.geometry.PointCloud()
pcd.points = mesh.vertices
keypoints = o3d.geometry.keypoint.compute_iss_keypoints(pcd)
mesh.compute_vertex_normals()
mesh.paint_uniform_color([0.5, 0.5, 0.5])
keypoints.paint_uniform_color([1.0, 0.0, 0.0])
o3d.visualization.draw_geometries([keypoints, mesh])
```

图 7-8　ISS 关键点提取结果

7.3　Open3D 的点云场景配准

由于测量设备以及被测物体的视角等限制,所获取的点云数据往往是不完整的,为了将多个不同坐标系的不完整点云转换为统一坐标系的完整点云,需要在点云间进行配准。本节主要以点云配准方法为例,介绍 **Open3D** 库的综合应用,通过两站点云配准和多站点云配准两个完整例子,期待读者能够达到活学活用 **Open3D** 库的目的。

7.3.1 基于最近点迭代的配准

两站点云配准是将原始点云坐标系转换到目标点云坐标系的过程。假设原始点云到目标点云发生的是刚体变换,则原始点云可以通过旋转和平移得到目标点云。其中的旋转和平移参数可以通过配准算法计算得来。工业界最常用的配准算法是迭代最近点算法 ICP (Iterative Closest Point),其原理为在原始点云中通过最近搜索找到目标点云的对应点,对于匹配到的点计算欧氏距离误差,并通过最小二乘法来优化求解旋转和平移参数,不断进行迭代直至满足要求。下面开始使用 **Open3D** 的 ICP 算法进行两站点云之间的配准。

首先导入相关的库,并定义一个可视化配准结果的函数:

```python
import open3d as o3d
import numpy as np
import copy


def draw_registration_result(source, target, transformation):
    source_temp = copy.deepcopy(source)
    target_temp = copy.deepcopy(target)
    source_temp.paint_uniform_color([1, 0.706, 0])
    target_temp.paint_uniform_color([0, 0.651, 0.929])
    source_temp.transform(transformation)
    o3d.visualization.draw_geometries([source_temp, target_temp])
```

ICP 方法中又包括点到点和点到面两种计算方法,其中点到点方法在计算欧氏距离时采用的是两点之间的距离;点到面方法则计算的是点到目标点云对应点所在平面的距离,一般还需要用到目标点云的法向量。下面是对于这两种方法的函数实现:

```python
# 点到点 icp
def point_to_point_icp(source, target, threshold, trans_init):
    print("Apply point-to-point ICP")
    reg_p2p = o3d.pipelines.registration.registration_icp(
        source, target, threshold, trans_init,
        o3d.pipelines.registration.TransformationEstimationPointToPoint ())
    print(reg_p2p)
    print("Transformation is:")
    print(reg_p2p.transformation, "\n")
    draw_registration_result(source, target, reg_p2p.transformation)
# 点到面 icp
def point_to_plane_icp(source, target, threshold, trans_init):
    print("Apply point-to-plane ICP")
    reg_p2l = o3d.pipelines.registration.registration_icp(
        source, target, threshold, trans_init,
```

```
            o3d.pipelines.registration.TransformationEstimationPointToPlane())
    print(reg_p2l)
    print("Transformation is:")
    print(reg_p2l.transformation, "\n")
    draw_registration_result(source, target, reg_p2l.transformation)
```

其中，*registration_icp* 函数中需要输入的参数为原始点云 source、目标点云 target、对应点的最大阈值 threshold、初始变换矩阵 trans_init 以及距离计算的方式。

最后定义主函数，调用定义好的函数对输入待配准的原始点云和目标点云进行配准，并对结果可视化，ICP 配准结果如图 7-9 所示（彩图见附录 2）。

```
if __name__ == "__main__":
    pcd_data = o3d.data.DemoICPPointClouds()
    # 读取原始点云
    source = o3d.io.read_point_cloud(pcd_data.paths[0])
    # 读取目标点云
    target = o3d.io.read_point_cloud(pcd_data.paths[1])
    threshold = 0.02
    # 设置初始变换矩阵 (ICP 算法需要点云具有良好的初始位姿)
    trans_init = np.asarray([[0.862, 0.011, -0.507, 0.5],
                             [-0.139, 0.967, -0.215, 0.7],
                             [0.487, 0.255, 0.835, -1.4],
                             [0.0, 0.0, 0.0, 1.0]])
    draw_registration_result(source, target, trans_init)

    print("Initial alignment")
    evaluation = o3d.pipelines.registration.evaluate_registration(
        source, target, threshold, trans_init)
    print(evaluation, "\n")

    point_to_point_icp(source, target, threshold, trans_init)
    point_to_plane_icp(source, target, threshold, trans_init)
```

ICP 类的算法虽然简单实用，但是其一般用于点云的精配准之中，需要两个待配准的点云具有良好的初始位姿，即大概对齐的姿态，然后再进行局部调整。当两个点云位姿相差较大时，我们可以使用对位姿要求不高的全局点云配准方法对点云进行大致对齐，然后再通过 ICP 类的方法实现精确配准。

7.3.2   基于点云特征的配准

与 ICP 类算法中通过最近距离来匹配同名对应点的思想不同，全局配准方法一般先计算点云的特征描述子，然后基于特征空间的最近距离来建立两个待配准点云的同名对应点

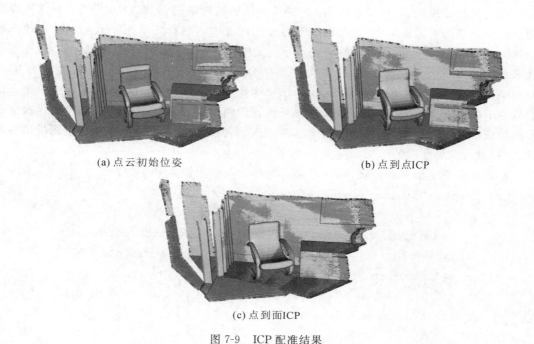

(a) 点云初始位姿   (b) 点到点ICP

(c) 点到面ICP

图 7-9　ICP 配准结果

集。FPFH 是常用的特征描述子之一,它通过一个 33 维的矢量描述点云的局部几何特征,来找到两个待配准点云中具有相似几何结构的对应点。下面定义了一个计算 FPFH 的函数:

```
def preprocess_point_cloud(pcd, voxel_size):
    # 点云下采样减少计算量
    pcd_down = pcd.voxel_down_sample(voxel_size)

    # 点云法向量计算
    radius_normal = voxel_size * 2
    pcd_down.estimate_normals(
     o3d.geometry.KDTreeSearchParamHybrid(radius = radius_normal,
max_nn = 30))

    # FPFH 点云特征计算
    radius_feature = voxel_size * 5
    pcd_fpfh = o3d.pipelines.registration.compute_fpfh_feature(
    pcd_down,
     o3d.geometry.KDTreeSearchParamHybrid(radius = radius_feature, max
_nn = 100))
    return pcd_down, pcd_fpfh
```

在完成特征提取后，可以使用 RANSAC 算法求解配准的参数。RANSAC 不仅可以应用在前面章节的平面提取中，也可以用于点云的配准中。它首先从原始点云中随机地选取 n 个点，然后通过计算的 FPFH 特征在目标点云中找到在特征空间中距离最近的点，不断迭代求解配准参数直至达到最大迭代次数。在 **Open3D** 中调用该方法的函数接口为 $o3d.$ $pipelines. registration. registration\_ransac\_based\_on\_feature\_matching$，函数中最重要的参数为 RANSACConvergenceCriteria，里面设置的两个值分别对应算法的最大迭代次数以及置信概率，两个值越大则算法的精度越高，但效率也越慢。以下为点云执行全局配准的示例代码，点云全局配准的结果如图 7-10 所示：

```python
# 定义数据集加载和处理函数，对点云进行下采样并计算 FPFH 特征
def prepare_dataset(voxel_size):
    demo_icp_pcds = o3d.data.DemoICPPointClouds()
    source = o3d.io.read_point_cloud(demo_icp_pcds.paths[0])
    target = o3d.io.read_point_cloud(demo_icp_pcds.paths[1])
    trans_init = np.asarray([[0.0, 0.0, 1.0, 0.0], [1.0, 0.0, 0.0, 0.0],
                            [0.0, 1.0, 0.0, 0.0], [0.0, 0.0, 0.0, 1.0]])
    source.transform(trans_init)

    # 可视化点云的初始位姿
    draw_registration_result(source, target, np.identity(4))

    source_down, source_fpfh = preprocess_point_cloud(source, voxel_size)
    target_down, target_fpfh = preprocess_point_cloud(target, voxel_size)
    return source, target, source_down, target_down, source_fpfh, target_fpfh


voxel_size = 0.05
source, target, source_down, target_down, source_fpfh, target_fpfh = prepare_dataset(voxel_size)

# 定义点云全局配准方法的函数
def execute_global_registration(source_down, target_down, source_fpfh,target_fpfh, voxel_size):
    # 设置最近距离搜索的阈值
    distance_threshold = voxel_size * 1.5
    result =
    o3d.pipelines.registration.registration_ransac_based_on_feature_matching(source_down, target_down, source_fpfh, target_fpfh,
        True,distance_threshold,
    o3d. pipelines. registration. TransformationEstimationPointToPoint
```

```
(False),
        3, [
    o3d.pipelines.registration.CorrespondenceCheckerBasedOnEdgeLength(0.9),
     o3d. pipelines. registration. CorrespondenceCheckerBasedOnDistance
(distance_threshold)
    ], o3d.pipelines.registration.RANSACConvergenceCriteria(100000, 0.999))
    return result


# 执行点云全局配准并可视化
result_ransac = execute_global_registration(source_down, target_down,
                                            source_fpfh, target_fpfh,
                                            voxel_size)
print(result_ransac)
draw_registration_result(source_down, target_down, result_ransac.
transformation)
```

(a) 初始位姿　　　　　　　　(b) 配准后的点云

图 7-10　点云全局配准的结果

由图 7-10 可知,全局点云配准算法将两个初始位姿相差较大的点云已经大致对齐,为了进一步对齐两个点云,可以将全局点云配准算法输出的配准结果作为 ICP 算法的初始矩阵,再使用 ICP 算法对配准结果进行优化。示例代码如下,ICP 优化结果如图 7-11 所示:

```
def refine_registration(source, target, source_fpfh, target_fpfh,
voxel_size):
    distance_threshold = voxel_size * 0.4
    result = o3d.pipelines.registration.registration_icp(
        source, target, distance_threshold, result_ransac.transformation,
        o3d.pipelines.registration.TransformationEstimationPointToPlane())
    return result
result_icp = refine_registration(source, target, source_fpfh, target_
```

181

```
fpfh,voxel_size)
    print(result_icp)
    draw_registration_result(source, target, result_icp.transformation)
```

图 7-11　ICP 优化结果

7.3.3　多站点云数据配准

多站点云配准是在两站点云配准的基础上，在全局空间中对齐多个点云的过程。通常输入的是一组待配准的点云，通过位姿图优化技术输出一组刚性变换，使转换后的待配准点云在全局空间中对齐。下面是一个基于 **Open3D** 进行全局点云配准的完整实例。

首先定义一个加载多个点云的函数，对其中的每个点云进行体素下采样，并返回一个点云对象列表：

```
import open3d as o3d
import numpy as np

def load_point_clouds(voxel_size = 0.0):
    pcd_data = o3d.data.DemoICPPointClouds()
    pcds = []
    # 读取 3 个待配准的点云
    for i in range(3):
        pcd = o3d.io.read_point_cloud(pcd_data.paths[i])
        pcd_down = pcd.voxel_down_sample(voxel_size = voxel_size)
        pcds.append(pcd_down)
    return pcds
```

然后定义一个两站点云配准的点到面 ICP 函数，输入的是待配准的两个点云以及配准算法参数，输出的是计算得到的变换矩阵结果 transformation_icp，还有两个点云之间的信息矩阵 information_icp，定义的是两个点集之间的距离误差，在后续多站点云配准位姿图优化中可以通过 information_icp 对待优化的边施加权重。

```
def pairwise_registration(source, target, max_correspondence_distance
```

```
_coarse,max_correspondence_distance_fine):
    # 第一次点云粗配准
    icp_coarse = o3d.pipelines.registration.registration_icp(
        source, target, max_correspondence_distance_coarse, np.identity(4),
        o3d.pipelines.registration.TransformationEstimationPointToPlane())
    # 第二次点云精配准
    icp_fine = o3d.pipelines.registration.registration_icp(
        source, target, max_correspondence_distance_fine,
        icp_coarse.transformation,
        o3d.pipelines.registration.TransformationEstimationPointToPlane())
    transformation_icp = icp_fine.transformation
    information_icp =

o3d.pipelines.registration.get_information_matrix_from_point_clouds(
        source, target, max_correspondence_distance_fine,
        icp_fine.transformation)
    return transformation_icp, information_icp
```

在开始多站点云配准之前,我们首先需要定义一个位姿图。位姿图中有两个关键元素:节点和边,在点云配准应用中分别对应待配准的点云和与之对应的变换矩阵。一个位姿图中的边连接的是两个点云节点,通过优化边来使得全局配准误差最小化。为了避免两站点云配准误差累积,在 **Open3D** 中将边定义为两类,一种是连接相邻节点的 odometry edges,在添加边时在 *o3d.pipelines.registration.PoseGraphEdge* 函数中将 uncertain 参数设置为 False,一种是连接非相邻节点的 loop closure edges,将 uncertain 参数设置为 True,同时还可以在参数中输入信息矩阵 information_icp 设定边的处理权重,以此提升位姿图优化的精度。

下面定义了一个构建位姿图的函数:

```
def full_registration(pcds, max_correspondence_distance_coarse,
                      max_correspondence_distance_fine):
    # 创建位姿图对象
    pose_graph = o3d.pipelines.registration.PoseGraph()
    odometry = np.identity(4)

    # 添加初始节点
pose_graph.nodes.append(o3d.pipelines.registration.PoseGraphNode
(odometry))
    n_pcds = len(pcds)
    for source_id in range(n_pcds):
```

```
        for target_id in range(source_id + 1, n_pcds):
            transformation_icp, information_icp = pairwise_registration(
                pcds[source_id], pcds[target_id])
            print("Build o3d.pipelines.registration.PoseGraph")
            if target_id == source_id + 1:  # odometry case
                odometry = np.dot(transformation_icp, odometry)
                # 添加点云节点
                pose_graph.nodes.append(
                    o3d.pipelines.registration.PoseGraphNode(
                        np.linalg.inv(odometry)))
        # 添加 odometry edges
                pose_graph.edges.append(
                    o3d.pipelines.registration.PoseGraphEdge(source_id,
target_id,
transformation_icp,
information_icp,
uncertain = False))
            else:
                # 添加 loop closure edges
                pose_graph.edges.append(
                    o3d.pipelines.registration.PoseGraphEdge(source_id,
target_id,
transformation_icp,
information_icp,
uncertain = True))
    return pose_graph
```

位姿图构建完成后，即可使用 $o3d.pipelines.registration.global\_optimization$ 函数进行全局优化，有高斯牛顿法（GlobalOptimizationGaussNewton）和 LM 算法（GlobalOptimizationLevenbergMarquardt）两种优化方法进行选择，一般后者的收敛性更好，还可以设置的参数有最大对应距离 max_correspondence_distance、边进行调整的阈值 edge_prune_threshold、设为全局参考的点云 id Reference_node。

以下为进行多站点云配准位姿图优化的主函数，多站点云配准结果如图 7-12 所示。

```
if __name__ == "__main__":
    voxel_size = 0.02
    pcds_down = load_point_clouds(voxel_size)
    o3d.visualization.draw_geometries(pcds_down)
```

```
# 构建位姿图
print("Full registration ...")
max_correspondence_distance_coarse = voxel_size * 15
max_correspondence_distance_fine = voxel_size * 1.5
    pose_graph = full_registration(pcds_down,

max_correspondence_distance_coarse,

max_correspondence_distance_fine)

# 执行位姿图优化
print("Optimizing PoseGraph ...")
option = o3d.pipelines.registration.GlobalOptimizationOption(
    max_correspondence_distance = max_correspondence_distance_fine,
    edge_prune_threshold = 0.25,
    reference_node = 0)
    o3d.pipelines.registration.global_optimization(
    pose_graph,
    o3d.pipelines.registration.GlobalOptimizationLevenbergMarquardt(),
    o3d.pipelines.registration.GlobalOptimizationConvergenceCriteria(),
    option)

print("Transform points and display")
for point_id in range(len(pcds_down)):
    print(pose_graph.nodes[point_id].pose)
    pcds_down[point_id].transform(pose_graph.nodes[point_id].pose)
o3d.visualization.draw_geometries(pcds_down)
```

(a) 点云初始位姿　　　　　　　　　　(b) 配准后的全局点云

图 7-12　多站点云配准结果

7.4　Open3D 点云场景分割

在点云数据分析中,我们经常需要对点云数据进行分割处理,以此来提取感兴趣的部分做后续的分析应用。**Open3D** 中提供了多种多样的点云分割算法接口,包括基于聚类的方法、基于模型拟合的方法以及最新推出的 open3d-ml 模块中基于深度学习的点云语义分割方法等。下面对 **Open3D** 中的 DBSCAN、plane segmentation 和 planar patch detection 方法进行介绍。

DBSCAN 是一种基于密度的聚类算法,具有抗噪声、无须指定类别种数、可以在空间数据中发现任意形状的聚类等优点。其算法核心是找到密度相连对象的最大集合,对于点云首先进行遍历。如果该点非核心点,则认为是噪声点并忽视;若为核心点则新建聚类,并将所有邻域点加入聚类。依此类推,直到无点可加入该聚类,并开始考虑新的点,建立新的聚类。

以下是一个通过 **Open3D** 中点云类中 *cluster_dbscan* 方法进行聚类的例子。首先加载提供的示例机载点云数据,然后对 *cluster_dbscan* 中的聚类距离 eps 和最小聚类点数 min_points 进行设置,其中 eps 的值对于算法速度影响较大,值越大算法的速度越慢,得到聚类结果后为不同的标签分配不同的颜色并进行可视化显示,DBSCAN 聚类结果如图 7-13 所示(彩图见附录 2)。

```
import matplotlib.pyplot as plt
pcd = o3d.io.read_point_cloud("G:/test_alsdata.pcd")
o3d.visualization.draw_geometries([pcd])
labels = np.array(pcd.cluster_dbscan(eps = 0.5, min_points = 50, print_progress = True))
colors = plt.get_cmap("tab20")(labels / (max_label if max_label > 0 else 1))
colors[labels < 0] = 0
pcd.colors = o3d.utility.Vector3dVector(colors[:, :3])
o3d.visualization.draw_geometries([pcd])
```

plane segmentation 是 **Open3D** 提供的一个基于随机采样一致性(RANSAC)的平面检测算法。其原理为每次随机选择固定数量的点来拟合一个平面,并计算所有点至平面的距离,若小于设置阈值则标记为内点,不断进行迭代并最终输出具有最多内点的拟合平面结果。**Open3D** 中通过点云类中的 *segment_plane* 方法进行平面检测,需要设置的参数为距离阈值 distance_threshold、每次拟合平面的点数量 ransac_n 以及迭代次数 num_iterations。以下是一个示例,调用平面分割方法并输出拟合平面模型和内点(可视化为红色点),平面检测结果如图 7-14 所示(彩图见附录 2):

```
pcd = o3d.io.read_point_cloud("G:/test_alsdata.pcd")
plane_model, inliers = pcd.segment_plane(distance_threshold = 0.01,
```

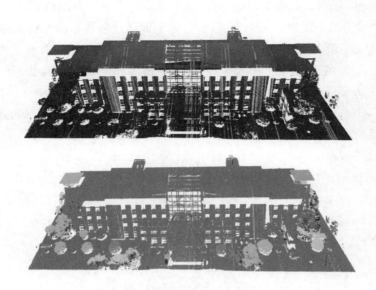

图 7-13   DBSCAN 聚类结果

```
ransac_n = 3,
    num_iterations = 10000)
    [a, b, c, d] = plane_model
    print(f"Plane equation: {a:.2f}x + {b:.2f}y + {c:.2f}z + {d:.2f} = 0")
    inlier_cloud = pcd.select_by_index(inliers)
    inlier_cloud.paint_uniform_color([1.0, 0, 0])
    outlier_cloud = pcd.select_by_index(inliers,invert = True)
    o3d.visualization.draw_geometries([inlier_cloud, outlier_cloud])


Plane equation: -0.00x + -0.00y + 1.00z + -14.33 = 0
```

图 7-14   平面检测结果

除了上面讲述的单个平面检测算法,目前 **Open3D** 还支持一种鲁棒的基于统计的平面

patch 检测方法 planar patch detection，可以输出拟合的多个平面。该算法首先将点云细分为小块，然后尝试为每个块拟合一个平面，如果该平面通过鲁棒平面性检验，则接受该平面。

该方法通过点云类中的 *detect_planar_patches* 接口进行调用，需要设置的参数较多，如表 7-4 所示。该函数返回一个检测到的平面 patch 的列表，表示为 *geometry*::*OrientedBoundingBox* 对象，平面 patch 可以使用 *geometry. TriangleMesh. createfroorientedboundingbox* 函数来进行可视化。示例程序如下，多平面检测结果如图 7-15 所示（彩图见附录 2）：

```
pcd = o3d.io.read_point_cloud("G:/test_alsdata.pcd")
pcd. estimate _ normals ( search _ param = o3d. geometry.
KDTreeSearchParamHybrid(radius = 0.1, max_nn = 30))
    oboxes = pcd.detect_planar_patches(normal_variance_threshold_deg
= 60,
    coplanarity_deg = 75, outlier_ratio = 0.75,
    min_plane_edge_length = 0,min_num_points = 0,
    search_param = o3d.geometry.KDTreeSearchParamKNN(knn = 30))
    print("Detected {} patches".format(len(oboxes)))
    geometries = []
    for obox in oboxes:
        mesh = o3d.geometry.TriangleMesh.create_from_oriented_bounding_box
(obox, scale = [1, 1, 0.0001])
    mesh.paint_uniform_color(obox.color)
    geometries.append(mesh)
    geometries.append(obox)
geometries.append(pcd)
o3d.visualization.draw_geometries(geometries)
```

Detected 17 patches

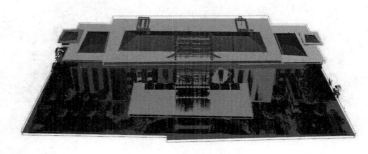

图 7-15　多平面检测结果

表 7-4 *detect_planar_patches* 函数参数说明

文件格式	说　　明
normal_variance_threshold_deg	点法向量允许的方差大小,值越小生成的平面越少,质量也更高
coplanarity_deg	点到平面的距离允许的角度分布,值越大则拟合平面周围的点分布越紧密
outlier_ratio	平面 patch 的最大边大于该值才会被接受
min_plane_edge_length	是一种 3D 文本格式,通过定义点、线、面的方式来描述 3D 物体
min_num_points	决定了关联的八叉树有多深,以及在尝试拟合平面时需要有多少个点
search_param	所使用的邻域搜索参数

7.5　Open3D 场景表面重建

在很多场景应用中我们想要获取一个稠密的三维数据表示,比如三角化网格等,然而从深度相机、激光扫描仪等设备中获取的往往是非结构化的点云数据。为了从非结构化的点云数据中获取一个稠密的三角化网格表示,我们需要使用表面重建算法。**Open3D** 中实现的表面重建算法包括 alpha shapes、ball pivoting 和 poisson surface reconstruction,下面对其分别进行介绍。

alpha shapes 是基于点云凸包的推广。因此我们首先对凸包的计算进行讲解,凸包即为包含所有点云的最小凸集,在下面的例子中我们首先读取示例数据中的兔子网格,然后在网格上采样固定数量的点云,调用对象类中的 *compute_convex_hull* 方法计算点云凸包,以红色线条进行显示,如图 7-16 所示。

```
bunny = o3d.data.BunnyMesh()
mesh = o3d.io.read_triangle_mesh(bunny.path)
mesh.compute_vertex_normals()
pcd = mesh.sample_points_poisson_disk(number_of_points = 3000)
hull, _ = pcl.compute_convex_hull()
hull_ls = o3d.geometry.LineSet.create_from_triangle_mesh(hull)
hull_ls.paint_uniform_color((1, 0, 0))
o3d.visualization.draw_geometries([pcl, hull_ls])
```

alpha shapes 算法实际上是一种边界提取算法,其首先选取半径为 alpha 大小的圆,并将此圆在空间的无序点云上进行滚动,然后绘制出轮廓线,该轮廓线即为点云的表面信息。如果 alpha 设置得足够大,则可以将该方法视为点云的凸包计算。以下是基于 **Open3D** 中的 alpha shapes 算法对点云进行表面重建的示例,结果如图 7-17 所示:

```
alpha = 0.03
```

189

```
mesh = o3d.geometry.TriangleMesh.create_from_point_cloud_alpha_shape
(pcd, alpha)
mesh.compute_vertex_normals()
o3d.visualization.draw_geometries([mesh], mesh_show_back_face = True)
```

　　　图 7-16　点云凸包可视化　　　　　　图 7-17　alpha shapes 表面重建

　　ball pivoting 算法的实现思路与 alpha shapes 较为接近。其原理为用一个给定半径大小的球体朝点云表面扔去,如果球体击中任意三个点且没有从中穿过,则该三个点创建一个三角网格,然后算法开始沿现有三角形的边旋转,每次它到达三个点,且球没有掉下来,则创建另一个三角网格。**Open3D** 中调用 ball pivoting 算法的示例如下,结果如图 7-18 所示:

```
radii = [0.005, 0.01, 0.02, 0.04]
rec_mesh = o3d.geometry.TriangleMesh.create_from_point_cloud_ball_
pivoting(pcd, o3d.utility.DoubleVector(radii))
o3d.visualization.draw_geometries([rec_mesh])
```

　　poisson surface reconstruction 算法相较于以上两种不改变点云顶点的表面重建方法,可以通过解决正则化问题来生成更加平滑的表面信息。在 **Open3D** 中可以通过 *create_from_point_cloud_poisson* 来调用泊松重建方法,并通过设置 depth 参数控制重建网格的质量,值越大则保留的细节越多,示例如下,结果如图 7-19 所示:

```
mesh, densities = o3d.geometry.TriangleMesh.create_from_point_cloud_
poisson(pcd, depth = 9)
mesh.compute_vertex_normals()
mesh.paint_uniform_color([0.5, 0.5, 0.5])
o3d.visualization.draw_geometries([mesh])
```

图 7-18　ball pivoting 表面重建　　　图 7-19　poisson surface reconstruction 表面重建结果

7.6　思考与练习

1.请读者使用自己的数据对本章的示例程序进行测试,调整算法中的参数使其达到理想的效果。

2.利用所提供的数据完成两站点云配准以及多站点云配准的实验流程。

第 8 章 ArcGIS 中的 Python 编程

ArcGIS 是一款十分强大的 GIS 工具组件(https://www.arcgis.com/),由美国环境系统研究所公司(Environmental Systems Research Institute, Inc.,简称 ESRI 公司)研发,它包括 ArcGIS Online, ArcGIS Desktop, ArcGIS Enterprise 等平台,其中,ArcGIS Desktop 又包括 ArcGIS(目前主要为 ArcGIS 10. X)和 ArcGIS Pro。在 ArcGIS 软件中,集成了 Python 语言编程。本节将介绍如何利用 ArcGIS 软件内置的 Python 编程语言实现脚本编程和脚本工具制作。值得注意的是,ArcGIS 软件默认集成了 Python2.7 版本,而非前文中主要采用的 Python3 版本。

8.1 ArcGIS 与 ArcPy

8.1.1 ArcPy 基本介绍

ArcPy 是一个 Python 站点函数包,集成于 ArcGIS 软件中的 Python API。它以 ArcGIS Scripting 模块为基础,并完整继承了 ArcGIS Scripting 功能,旨在提供实用高效的 Python 接口函数,以执行地理数据分析、数据转换、数据管理和地图自动化创建等基础功能,详细可参考 ESRI 提供的在线帮助文档(http://desktop.arcgis.com/zh-cn/arcmap/latest/analyze/arcpy/what-is-arcpy-.htm)。

使用 **ArcPy** 编写 ArcGIS 脚本工具或脚本程序主要有以下两个优势:

• Python 是一种通用的编程语言,易于学习和使用,支持动态输入以及实时解释,功能强大。因此,用户不仅可以使用 Python 语言在交互式环境中快速创建脚本程序并进行测试,也可以通过 Python 编写集成化程度更高的脚本工具。

• 使用以 **ArcPy** 编写的 ArcGIS 脚本工具和程序,以开源方式方便来自多种不同领域的研究人员或程序员进行便捷的二次开发与功能拓展。

在 ArcGIS 中使用 Python 语言编程时需要注意区分以下三个概念:

(1) 独立的 Python 脚本。

独立的 Python 脚本是一种扩展名为 .py 的独立程序文件,可通过操作系统提示符或 Python 集成开发环境(IDE)这两种方式执行。

(2) Python 脚本工具。

Python 脚本工具指注册到 ArcGIS 工具箱的 Python 脚本,并添加了对应的工具界面。在添加为 Python 脚本工具后,便可以同使用其他空间处理与分析工具一样使用此脚本工具,既可从工具对话框打开和执行,或在 Python 窗口和 ModelBuilder 中使用,也可以在其他脚本和脚本工具中调用。

(3) Python 工具箱。

Python 工具箱是指完全使用 Python 语言创建的脚本工具箱,其配置文件(.pyt)是一个基于 ASCII 的文件,定义了工具箱及其包含的一个或多个 Python 脚本工具。Python 工具箱及其所包含工具的外观、操作和运行方式与 ArcGIS 中集成的工具箱基本相同。

因此,独立的 Python 脚本和 Python 脚本工具是在 ArcGIS 软件中使用 Python 语言的两种不同的方式。换而言之,Python 脚本工具是添加到 Python 工具箱中的 Python 脚本。Python 工具箱包括工具箱和其中的 Python 脚本,而注意工具箱初始化时可以没有 Python 脚本,后期逐步添加一个或多个 Python 脚本。

在使用 **ArcPy** 进行编程之前,需要通过以下几种方式来引用 **ArcPy** 函数包或其部分功能模块:

(1) 全部导入:

```
>>>  import arcpy
```

(2) 导入特定模块,例如导入制图模块:

```
>>>  import arcpy.mp
```

(3) 只导入某一模块的一部分,例如仅导入 env 类:

```
>>>  from arcpy import env
```

8.1.2 **ArcPy** 函数、类和模块

通过 **ArcPy** 可访问空间处理与分析工具箱的函数、类和功能模块,从而创建简单或复杂工作流。一般来说,**ArcPy** 按函数、类和模块进行组织。

1. ArcPy 函数

ArcPy 函数用于执行某项特定任务并能够纳入二次程序开发的已定义功能。在 **ArcPy** 中,所有地理处理与分析工具均以函数形式提供,但反过来并非所有函数都是地理处理与分析工具。除了工具之外,**ArcPy** 还提供多种辅助函数,以更好地支持 Python 工作流机制。**ArcPy** 函数通常用于批处理系列数据集、检索数据集的属性、验证数据库,或执行其他特定任务的批处理流程。

2. ArcPy 类

ArcPy 类的作用类似于建筑设计蓝图,为特定类型的任务提供一个技术框架。**ArcPy** 类对象支持两种操作:属性引用和实例化。

(1) **ArcPy** 属性引用与 Python 语言中其他函数包的属性引用的标准语法相同:obj.name。例如,引用 env 类的 workspace 属性的示例代码如下:

```
>>>  arcpy.env.workspace
```

(2) **ArcPy** 类的实例化通过使用函数符号实现,即将类对象看作一个返回类实例对象的函数即可。例如,创建一个新的 Point 类实例并将该对象赋给变量 x,则可通过以下代码实现:

```
>>> x = arcpy.Point()
```

本节主要介绍 **ArcPy** 类中较常用到的几何类，包括 Geometry、Multipoint、PointGeometry、Polygon 和 Polyline。在许多地理数据处理工作流中，可能需要对空间坐标和几何信息进行特定操作，如果每次修改都需要重新创建数据对象，会使得操作十分复杂且笨重。因此，可以通过对空间数据中的几何对象进行直接操作，从而替代整体对象的输入和输出，使地理处理流程变得更为简单与高效。

每个几何类的基本语法、属性以及对应的方法大致相仿，此处以基础几何类 $Geometry$ 为例，其调用语法如下：

Geometry　(geometry, inputs, {spatial_reference}, {has_z}, {has_m})

其中具体的参数含义如表 8-1 所示。

表 8-1　Geometry 类参数及其说明

参　　数	说　　明	数据类型
$geometry$	几何类型：点、面、折线或多点	$String$
$inputs$	用于创建对象的坐标。数据类型可以是 Point 或 Array 对象	$Object$
$spatial\_reference$	新几何的空间参考。（默认值为 None）	$SpatialReference$
has_z	Z 状态：如果启用 Z，则为几何的 True，如果未启用，则为 False。（默认值为 False）	$Boolean$
has_m	M 状态：如果启用 M，则为几何的 True，如果未启用，则为 False。（默认值为 False）	$Boolean$

$Geometry$ 类具有丰富的属性项，例如表示几何范围的 $extent$ 属性、表示空间参考系的 $spatialReference$ 属性、表示要素最后一个坐标的 $lastPoint$ 属性等。同时，它还支持强大的空间操作方法，例如缓冲区构建方法 $buffer(distance)$、相交分析方法 $intersect(other, dimension)$、面积计算方法 $getArea(\{type\}, \{units\})$ 等。具体的相关用法，可以参考 ESRI 在线产品手册。

为了进一步了解上述内容，可尝试通过以下代码生成一个点对象，并将其坐标打印出来：

```
>>> import arcpy
>>> pnt = arcpy.Point(2000, 2500)
>>> print("ID: {0}, X: {1}, Y: {2}".format(pnt.ID, pnt.X, pnt.Y))
ID:0, X: 2000.0, Y: 2500.0
```

点对象是几何类中最基本的元素，可以通过它构建更为复杂的几何对象，例如通过多个点构成线对象，并将其保存为一个 shapefile，示例代码如下，最后结果如图 8-1 所示：

```
import arcpy

feature_info = [[[1, 2], [2, 4], [3, 7]],
                [[6, 8], [5, 7], [7, 2], [9, 5]]]

features = []

for feature in feature_info:
    features.append(
        arcpy.Polyline(
            arcpy. Array ([arcpy. Point ( * coords ) for coords in
feature]))))

arcpy.CopyFeatures_management(features, r'E:\Python_course\Chapter6\
Data\polyline.shp')
```

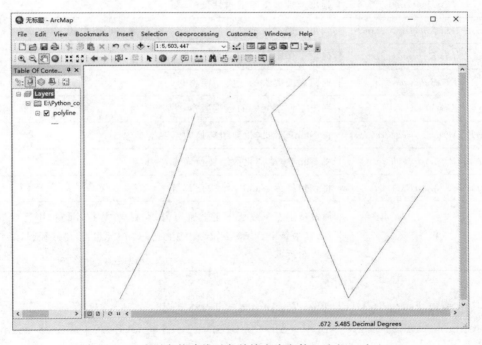

图 8-1　点对象构建线对象并输出为文件(polyline. shp)

3. ArcPy 模块

ArcPy 模块为包含函数和类的 Python 文件对象。ArcPy 由一系列的模块构成,包括数据访问模块(Data Access,arcpy. da)、制图模块(Mapping,arcpy. mp)、空间分析模块

(Spatial Analyst,arcpy. sa)、网络分析模块(Network Analyst,arcpy. na)以及时间模块(Time,arcpy. time)。针对上述功能模块,本书仅对相对较为常用的数据访问模块、制图模块以及空间分析模块进行简要的介绍。

　　1) 数据访问模块

　　数据访问模块是一个用于处理数据的核心 Python 模块,通过它可控制编辑会话、编辑操作、改进的游标支持(包括更快的性能)、格式转换(包括数据表、要素类、**NumPy** 数组)的函数以及对版本、复本、属性域和子类型工作流的支持。数据访问模块包含的函数如表 8-2 所示。

表 8-2　数据访问模块函数

函　　数	说　　明
ExtendTable	基于公共属性字段将 **NumPy** 结构数组的内容连接到表,输入表将被更新,从而包含连接表中的字段
FeatureClassToNumPyArray	将要素类转换为 **NumPy** 结构数组
ListDomains	列出地理数据库的属性域
ListFieldConflictFilters	列出应用字段冲突过滤器的版本化要素类或表中的字段
ListReplicas	列出工作空间中的复本
ListSubtypes	返回表或要素的子类型字典
ListVersions	列出工作空间中的数据版本
NumPyArrayToFeatureClass	将 **NumPy** 结构化数组转换为点要素类
NumPyArrayToTable	将 **NumPy** 结构化数组转换为表
TableToNumPyArray	将表转换为 **NumPy** 结构化数组
Walk	通过从上至下或从下至上遍历树,在目录/数据库结构中生成数据名称,其中每个目录/工作空间将生成一个三元组:目录路径、目录名称和文件名称

　　其中函数 *FeatureClassToNumPyArray*()的表达式如下:

```
FeatureClassToNumPyArray(in_table, field_names, {where_clause},
{spatial_reference}, {explode_to_points}, {skip_nulls}, {null_value})
```

　　利用上述函数,通过指定输入要素类以及需转换的字段列表,即可将相应的属性字段转换为 **NumPy** 数组。这样就可以很方便地对转换后的 **NumPy** 数组进行各种数值操作或其他相关运算操作,示例代码如下:

```
>>> import arcpy
```

```
>>> import numpy
>>> arcpy.env.workspace = r"E:\Python_course\Chapter6\Data"
>>> input = r"E:\Python_course\Chapter6\Data\counties.shp"
>>> arr = arcpy.da.FeatureClassToNumPyArray(input, ('STATE_NAME', '
POP1990', 'POP1999'))
>>> print(arr["POP1990"].sum())
248709873
>>> print(arr["POP1999"].sum())
272928696
>>> print(arr[arr['STATE_NAME'] = = 'Minnesota']['POP1999'].sum())
4765612
```

对于函数 *FeatureClassToNumPyArray*()中的参数 *field_names*，如果以令牌取代字段名称，则可以访问到更多信息，具体令牌如表 8-3 所示。

表 8-3 函数 FeatureClassToNumPyArray()令牌访问

令　　牌	说　　明
SHAPE@XY	一组要素的质心 x,y 坐标
SHAPE@TRUECENTROID	一组要素的真正质心 x,y 坐标
SHAPE@X	要素的双精度 x 坐标
SHAPE@Y	要素的双精度 y 坐标
SHAPE@Z	要素的双精度 z 坐标
SHAPE@M	要素的双精度 m 值
SHAPE@AREA	要素的双精度面积
SHAPE@LENGTH	要素的双精度长度
OID@	ObjectID 字段的值

可通过如下示例代码观察具体效果：

```
>>> array = arcpy.da.FeatureClassToNumPyArray(input, ["OID@ ", "SHAPE
@ XY"])
>>> print(array[0])
(0, [-94.90359451915789, 48.771708928398354])
```

2）制图模块

制图模块的设计初衷是用于操作地图工程文档（.mxd）或图层文件（.lyr）元素，旨在帮助实现地图要素处理的自动化，但不可用于创建新对象。制图模块设计的出发点并非想让其成为 ArcObjects① 的完全替代品,也不会试图将其用于提供 ArcMap 界面中的所有按钮、对话框、菜单选项或快捷菜单项。用户须预先在 ArcMap 中创建一个含所有相应地图元素的工程文档或图层文件,然后再使用制图模块操作其内容。

制图模块扩展了数据驱动页面的功能,可用于自动执行批量化地图生产。同时,因其包含导出、创建和管理 PDF 文档的函数,所以可以用于批量化构建完整地图册。此外,可使用制图模块将地图发布为 Web 服务。

在引用制图模块时需注意以下几点:

(1) 必须处理已有地图文档或图层文件。

(2) 通过 CURRENT 关键字引用地图文档。使用 *MapDocument* 函数创建 MapDocument 对象有两种不同的方法:第一种方法是提供磁盘上地图文档(.mxd)位置的系统路径;第二种方法是将 CURRENT 关键字用作 *MapDocument* 函数的输入参数。使用 CURRENT 关键字的脚本工具必须在 ArcMap 内运行,即从自定义菜单或目录窗口中,且必须禁用后台处理。

(3) 添加图层并处理模板地图文档。制图模块不允许创建新的地图文档,也不提供更改现有地图文档页面大小或方向的功能。在实际操作中,可以预先设置相应制图元素、页面大小、方向等内容的地图模板文档,然后使用制图模块相关函数操作其内容。

(4) 创建任何对象时均使用唯一名称。为便于引用地图元素(如数据框、图层、布局元素或表)以对其访问和修改,每个地图元素必须具有唯一名称。

(5) 创建辅助布局元素并视需要将其移入和移出页面布局。在创建系列地图时,其中某些页面具有附加地图元素,例如,额外的数据框、附加图片或文本元素等。这种情况下,可以创建一个含所有可能布局元素的地图文档,然后根据需要使用制图模块脚本逻辑将这些元素移入和移出页面,而不必专门针对这些情景创作独立的地图模板文档。如果某个元素被移到页面布局边界以外,则不会将其打印或导出。

3) 空间分析模块

空间分析(Spatial Analyst)模块是用于分析空间数据的核心模块,该模块在进行分析时将对应使用 ArcGIS 软件空间分析(Spatial Analyst)工具箱提供的功能。借助该模块可访问 Spatial Analyst 工具箱中提供的所有地理处理与分析工具,以及其他帮助程序函数和类,从而可以更加轻松地通过 Python 实现空间分析工作流的自动化。

空间分析模块主要由三个组件构成:类、运算符和函数:

(1) 类。空间分析模块中的类主要用于定义 Spatial Analyst 工具的参数,根据所选参数类型(如邻域类型)的不同,会对应数量不等的参数实例化选项,或者参数对应条目数会根据具体的情况(如重分类表)发生变化。通过类中的参数,可以访问并更改对应的条目。表 8-4 展示了 Spatial Analyst 类对应条目及其说明。

---

① **ArcObjects** 是用于开发 ArcGIS 的 COM(组件对象模型,Component Object Model)组件库,与 ArcGIS Desktop,ArcGIS Engine 和 ArcGIS for Server 一起安装,可用于改造 ArcGIS 桌面端应用、建立独立的 GIS 应用以及开发 Web 端应用:https://developers.arcgis.com/documentation/arcgis-add-ins-and-automation/arcobjects/。

表 8-4 **Spatial Analyst 类条目说明**

类　名	说　明
模糊隶属度	为模糊逻辑分析定义隶属度函数
水平系数	确定"路径距离"工具的水平系数
克里金模型	为使用克里金法创建表面开发模型
邻域	定义一系列工具的输入邻域
叠加分析	创建加权叠加和加权总和工具的输入表
半径	确定反距离权重法和克里金法工具的半径
重映射	定义重分类中使用的不同重映射表
时间	确定太阳辐射工具中使用的时间间隔
地形输入	定义地形转栅格工具的输入
变换函数	定义按函数重设等级工具的变换函数
垂直系数	确定"路径距离"工具的垂直系数

（2）运算符。Spatial Analyst 模块中的地图代数功能支持一系列运算符，包括数值计算、位运算、布尔运算和关系运算四种类别。表 8-5 列出了可用运算符及其描述。

表 8-5 **Spatial Analyst 模块支持的运算符**

地图代数运算符	描　述	地图代数运算符	描　述
＋	加/一元加号	&	布尔与
－	减/一元减号	～	布尔求反
*	乘法	|	布尔或
* *	幂	ˆ	布尔异或
/	除	＝＝	等于
//	整除	＞	大于
%	模	＞＝	大于或等于
≪	按位左移	＜	小于
≫	按位右移	＜＝	小于或等于
		!=	不等于

（3）函数。空间分析模块函数包括 $ApplyEnvironment$ 函数和 **ArcPy** 栅格函数。其中 $ApplyEnvironment$ 函数用于将环境参数设置应用到现有栅格；**ArcPy** 栅格函数的主要作用是提供栅格类型数据与 **NumPy** 数组之间的相互转换功能。

8.1.3　**ArcPy** 编程工具

ArcGIS 提供了 Python 窗口和 IDLE 命令行两种基本方式进行 Python 编程与运行。

1. Python 窗口

Python 窗口内置于任意 ArcGIS for Desktop 应用程序中,可通过单击"地理处理"工具条上的"Python 窗口"按钮 ▶ 打开。初始打开时 Python 窗口的外观如图 8-2 所示。

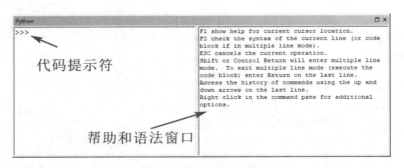

图 8-2　首次打开时 Python 窗口的外观

Python 窗口可用于执行单行 Python 代码,并会将由此生成的消息输出到窗口。通过 Python 窗口,用户可以快捷地在 ArcGIS 内部使用 Python,从而以交互方式运行地理处理工具以及充分利用其他 Python 模块和库。借助此窗口,用户可以对语法进行调试和编辑,这也为用户学习 Python 提供了一个途径。

2. ArcGIS 软件内置 Python IDLE 和 Python 命令行工具

在安装 ArcGIS 时,会同时安装一个 Python 软件。如果在开始菜单为 ArcGIS 软件添加了快捷方式,那么在该文件夹下可以找到相应的 Python IDLE 及命令行工具。在 ArcGIS 内置的 Python 软件中已经安装了函数包 **ArcPy**,可以直接使用它运行相应的 Python 代码。

在使用 **ArcPy** 进行编程的时候,我们可以通过如下两种方式来获取帮助:

(1)运行 Python 提供的 *help* 函数,将其参数赋值为对应的帮助对象或其调用签名,如下所示:

```
>>> help(arcpy)
>>> help(arcpy.AddError)
```

(2)使用 **ArcPy** 提供的代码自动补全功能。每当输入函数名并开始输入参数时,帮助窗口中会自动显示帮助信息和函数用法。

需要注意的是,在本书的其他章节,我们都是使用 Python3 版本,但由于 ArcGIS 10. X 使用 Python2 版本,且本书使用 ArcGIS 10. X 作为演示,因此本章的实验会在 ArcGIS 10. X 自带的 Python2 环境下进行。目前 ArcGIS 桌面端软件中,只有 ArcGIS Pro 使用了 Python3,感兴趣的读者可以安装对应版本软件并对其进行尝试。

8.2 ArcGIS 中的 Python 脚本编程

在进行脚本编程之前,为了方便数据结果的录入与输出,可以先进行环境参数设置。在 **ArcPy** 中,可通过 **env** 类进行属性形式的环境参数设置。这些属性可用于设置和查看当前环境参数值。例如,可使用如下代码设置工作目录为"**E**:\Python_course\Chapter6\Data"①:

```
>>> arcpy.env.workspace = r"E:\Python_course\Chapter6\Data"
```

8.2.1 ArcPy 空间数据读取

本节我们将通过案例读取一个 *.shp 文件,提取该文件部分属性数据并将其保存到 CSV 文件,以此来学习如何使用 **ArcPy** 来读取空间数据。

在示例数据中找到数据"students_wgs84.shp"并放到当前工作目录下,数据为爱尔兰某学校在校生学籍注册地址,其坐标系为 WGS84。该数据的主要属性名称含义如下:

- County:学生所在郡/县,如 DUBLIN 为爱尔兰首都都柏林;
- ED:Electoral District,爱尔兰最小的行政单元,直译为"选举区",隶属于 County;
- ED_ID:ED 地区分编号;
- INITIAL_AD:入学前家庭地址;
- TYPE:此处均为 STUDENT;
- COUNTY_ID:郡县编号。

首先引入需要使用到的 Python 函数包:

```
import arcpy
import os
import csv
```

如前所述,可以通过 **ArcPy** 的 **env** 类进行环境管理,将特定文件夹目录赋值给 *arcpy.env.workspace*,即可将该目录设置为当前工作环境下默认的工作路径:

```
arcpy.env.workspace = r"E:\Python_course\Chapter6\Data"
```

接下来,指定待处理的输入数据为"student_wgs84.shp"。由于处理过程中需要将输入数据另存为一个临时的图层,因此需要定义一个临时图层变量。最后指定输出数据的目标路径,则所输出的 csv 文件将保存在对应目录下:

```
input_fc = "student_wgs84.shp"
temp_layer = "temp_lyr"
output_ws = r"E:\Python_course\Chapter6\Data"
```

指定需要获取的数据字段,如本例中将抽取来自 DUBLIN、MEATH、LOUTH 三个郡

---

① 此工作目录是作者为了之后代码顺利运行而约定,如果你需要指定其他目录作为工作目录,请在对应代码处修改工作目录路径输入值;如果正在使用 Mac OS 或 Linux 操作系统,请按照对应目录路径格式进行赋值,在此不再赘述。

(County)的学生数据,因此可以定义如下循环体进行实现:

```
counties = ["DUBLIN", "MEATH", "LOUTH"]
for unit in counties:
```

对于数据中的属性字段,首先通过函数 *arcpy. MakeFeatureLayer_management* 创建要素图层。值得注意的是,通过该工具创建的图层是临时图层,如果不将此图层保存为地图文档,该图层在会话结束后会被自动释放。具体来说,其表达式及参数说明如下:

```
MakeFeatureLayer_management (in_features, out_layer, {where_clause}①,
{workspace}, {field_info})
```

表 8-6　函数 MakeFeatureLayer_management 参数说明

参　　数	说　　明	数据类型
in_features	用于创建新图层的输入要素类或图层。复杂要素类(如注记和尺寸)不是此工具的有效输入	*Feature Layer*
out_layer	待创建的要素图层名称	*Feature Layer*
where_clause	可选参数,用于选择要素子集的 SQL 表达式	*SQL Expression*
workspace	可选参数,用于验证字段名的输入工作空间	*Workspace;Feature Dataset*
field_info	可选参数,用于查看和更改字段名,还可以隐藏输出图层中字段的子集。可以指定分割策略	*Field_info*

指定"student_wgs84. shp"为输入要素类,temp_layer 为临时要素图层,并根据循环字段设定字段信息以指定分割策略。因此,通过下述示例代码,可以分别得到循环体中各个字段的记录数据,并将其保存在临时图层 temp_layer 中:

```
result = arcpy.MakeFeatureLayer_management(input_fc, temp_layer, "\"
COUNTY\" = '" + unit + "'")
```

以下代码借助 CSV 模块设置三个待输出 CSV 文件的名字,并初始化 csv writer 组件。为了便于查找输出数据,在当前工作目录下新建一个名为"csvdata"的文件夹用来存放输出的 CSV 数据:

```
# Define CSV output file name and initialize csv writer
output_csv_basename = os.path.splitext("csvdata\data")[0] + "_" +
unit + ".csv"
output_csv = open(output_ws + os.path.sep + output_csv_basename, "w")
output = csv.writer(output_csv, delimiter = ',', quoting = csv.QUOTE_
MINIMAL, lineterminator = '\n')
```

---

①　在写函数表达式时,花括号"{}"表示其对应的参数是可选的。

通过如下代码,指定需要写入的经纬度信息字段:

```
geometry_xy = ["Longitude", "Latitude"]

fields_to_save = []
fields = []
for field in arcpy.ListFields(input_fc):
    if  field.name in fields_to_save:
            fields.append(field.name)
```

然后将上述字段名写入 CSV 文件中:

```
output.writerow(geometry_xy + fields)
```

使用 *SearchCursor* 函数在要素类或表对象中建立只读游标。*SearchCursor* 可用于遍历 Row 对象并提取对应的字段值。此外,可以使用 where 子句或字段限制搜索,并对结果进行排序。具体来说,其函数表达式及参数说明如表 8-7 所示:

```
SearchCursor(dataset, {where_clause}, {spatial_reference}, {fields},
{sort_fields})
```

表 8-7   函数 *SearchCursor* 参数说明

参　　数	说　　明	数据类型
dataset	包含要搜索行的要素类、shapefile 或表	*String*
where_clause	用于限制在游标中返回的行的可选表达式	*String*
spatial_reference	指定后,要素将使用提供的 spatial_reference 进行动态投影	*SpatialReference*
fields	游标中包含以分号分隔的字符串字段。默认情况下,包含所有字段	*String*
sort_fields	用于在游标中对行进行排序的字段。每个字段的升序和降序排列表示为 "field1 A;field2 D"形式,A 表示升序,D 表示降序	*String*

指定要搜索行的要素类为 temp_layer,通过函数 *SearchCursor* 返回一个可分发 Row 对象的 Cursor 对象。它是一种数据访问对象,可用于在表中迭代一组行或者向表中插入新行,其方法如表 8-8 所示。

表 8-8   Cursor 对象方法概述

方　　法	说　　明
deleteRow（*row*）	删除数据库中的某一行。将删除与游标当前所在位置相对应的行
insertRow（*row*）	向数据库中插入新行
newRow（）	创建空行对象

续表

方　法	说　明
next ()	返回当前索引中的下一个对象
reset ()	将当前枚举索引（由 next 方法使用）设置回第一个元素
updateRow (*row*)	用于对更新游标当前所在的行进行更新

在下述循环体中，通过 *next*() 方法对 temp_layer 的每一行进行遍历，并将符合对应条件的字段输出到对应 CSV 文件中。

```
rows = arcpy.SearchCursor(temp_layer)
row = rows.next()

while row:

        output_line = []

        geometry = row.getValue("Shape")

        output_line.append(geometry.getPart().X)
        output_line.append(geometry.getPart().Y)

        for field in fields:
            output_line.append(row.getvalue(field))

        output.writerow(output_line)

        row = rows.next()
```

最后，关闭正在编辑的 CSV 文件对象，释放游标对象，并删除临时的图层对象。

```
output_csv.close()
del rows

arcpy.Delete_management(temp_layer)
print("Data extracted for " + unit + ".");
```

在完成上述所有操作后，打印完成提示语句。运行脚本完毕，可以看到输出窗口会输出如下提示信息：

```
>>>
= RESTART: E:\Python_course\Chapter6\Experiments\task1.py =
Data extractedfor DUBLIN.
```

```
Data extractedfor MEATH.
Data extractedfor LOUTH.
```

打开 csvdata 文件夹，我们可以看到三个独立的 CSV 文件："data_DUBLIN. csv" "data _LOUTH. csv""data_MEATH. csv"，读者可通过打开这些文件查看具体内容：

```
Longitude, Latitude
-6.68536404605,53.6525262979
-6.66472854007,53.6483054369
-6.24173854864,53.6820175854
...
```

完整的案例脚本代码如下，读者可通过修改对应参数具体学习相关函数的用法：

```python
import arcpy
import os
import csv

arcpy.env.workspace = r"E:\Python_course\Chapter6\Data"

# input shapefile with data in WGS84 projection
input_fc = "student_wgs84.shp"

# Temporary layer
temp_layer = "temp_lyr"

# Workspace folder
output_ws = r"E:\Python_course\Chapter6\Data"

# List of counties for processing
counties = ["DUBLIN", "MEATH", "LOUTH"]

for unit in counties:
    # Select layers by layers' attributes
    result = arcpy.MakeFeatureLayer_management(input_fc, temp_layer,
"\"COUNTY\" = '" + unit + "'")

    # Define CSV output file name and initialize csv writer
    output_csv_basename = os.path.splitext("csvdata\data")[0] + "_" +
unit + ".csv"
    output_csv = open(output_ws + os.path.sep + output_csv_basename, "w")
    output = csv.writer(output_csv, delimiter = ',', quoting = csv.
```

```
QUOTE_MINIMAL, lineterminator = '\n')

    # Coordinate names strings to include to the header
    geometry_xy = ["Longitude", "Latitude"]

    # Fields to save is empty since we only need coordinates now
    fields_to_save = [];
    fields = []
    for field in arcpy.ListFields(input_fc):
        if  field.name in fields_to_save:
            fields.append(field.name)

    # write row of CSV file
    output.writerow(geometry_xy + fields)

    rows = arcpy.SearchCursor(temp_layer)
    row = rows.next()

    while row:

        output_line = []

        geometry = row.getValue("Shape")

        output_line.append(geometry.getPart().X)
        output_line.append(geometry.getPart().Y)

        for field in fields:
            output_line.append(row.getvalue(field))

        output.writerow(output_line)

        row = rows.next()

    output_csv.close()
    del rows

    arcpy.Delete_management(temp_layer)
```

```
print("Data extracted for " + unit + ".");
```

8.2.2   **ArcPy** 空间数据处理

类似上节内容,在进行空间数据处理操作之前,需要引入相应的函数包,并设置工作环境目录。由于后续示例中涉及核密度分析等操作,因此我们需要引入笔者在攻读博士学位期间所开发的两个 Python 脚本工具,即 ncg602utils 和 ncg602kde:

```
import os
import csv
import arcpy
import matplotlib.pyplot as plt
import numpy as np
from ncg602utils import *
from ncg602kde import *

arcpy.env.workspace = r"E:\Python_course\Chapter6\Data"

output_ws = r"E:\Python_course\Chapter6\Data"
```

接下来,定义这三个 county 的循环体,分别对每个 county 提取出来的 CSV 文件进行分析:

```
counties = ["DUBLIN", "MEATH", "LOUTH"]
for unit in counties:
```

在循环体中,首先定义待处理和输出结果的数据对象。注意,同样为了便于查看结果,需要在工作目录下预先建立"results"文件夹和"images"文件夹:

```
    data_basename = os.path.splitext("csvdata\data")[0] + "_" + unit
+ ".csv"
    data_filename = output_ws + os.path.sep + data_basename

    results_basename = os.path.splitext("results\\results")[0] + "_"
+ unit + ".csv"
    results_filename = output_ws + os.path.sep + results_basename

    image_basename = os.path.splitext("images\image")[0] + "_" + unit
+ ".jpg"
    image_filename = output_ws + os.path.sep + image_basename

    kml_basename = os.path.splitext("images\overlay")[0] + "_" + unit
+ ".kml"
    kml_filename = output_ws + os.path.sep + kml_basename
```

通过 *create_array_from_file*()函数读取 CSV 数据并将其转换为 NumPy 数组：

```
data = create_array_from_file( data_filename, has_header = True)
```

接下来进行核密度分析(Kernel density estimation，KDE)，其一般表达式如下：

$$\hat{y}_b(x) = \frac{1}{nb}\sum_{i=1}^{n} K\left(\frac{x - x_i}{b}\right)$$

其中，$x_1, \cdots, x_n$ 为 n 个样本值，b 为带宽，用于控制核函数 $K(x)$ 的平滑特征，常见的核函数主要包括均值核函数(uniform)、Epanechnikov 核函数、高斯核函数等，本书将使用高斯核函数，其表达式如下：

$$K(x) = \frac{1}{\sqrt{2\pi}}\exp\left(-\frac{1}{2}x^2\right)$$

首先创建一个 $100 * 100$ 的网格数据对象，用于覆盖待处理的数据：

```
ncell = 100
 grid, xrange, yrange, bounding_box = make_bounding_grid (data,
ncell)
```

然后设置带宽参数为 0.01，并使用高斯核函数进行核密度分析：

```
sigma = 0.01
xyp = kde(data, grid, sigma)
```

分析完成之后，将核密度分析结果保存到结果 CSV 文件中：

```
write_array_to_file( xyp, results_filename,"x,y,kde")
```

为了更好地观察和分析结果，可以将结果转换为 PNG 图片格式或 KML 格式：

```
p = xyp.take([2],axis = 1)

p = p.reshape(ncell,ncell)
p = np.array(p)

plt.imsave(image_filename, p, format = 'png',origin = 'lower')
save_image_overlay_kml(kml_filename , "image"+ "_" + unit + ".
jpg", bounding_box, unit)
```

所有操作完毕，即可打印完成提示语句：

```
print("Processing completed for " + unit + ".\n")
```

在完整地运行上述代码之后，可以看到输出窗口会输出如下提示信息：

```
>>>
= RESTART: E:\Python_course\Chapter6\Experiments\task2.py =
  Entering KDE...
    Detected 1635 points.
    Distance matrix ready.
  Completed: KDE estimated at 10000 points.
Processing completed for DUBLIN.
```

```
Entering KDE...
   Detected 256 points.
   Distance matrix ready.
Completed: KDE estimated at 10000 points.
Processing completed for MEATH.


Entering KDE...
   Detected 52 points.
   Distance matrix ready.
Completed: KDE estimated at 10000 points.
Processing completed for LOUTH.
```

打开"results"文件夹,我们可以看到三个 CSV 文件:"results_DUBLIN.csv""results_ LOUTH.csv""results_MEATH.csv"。通过打开文件可以看到,这三个 CSV 文件比上一小节中的结果文件中多了一列 kde 值。

打开"images"文件夹,可以看到最后生成的 PNG 图片和 KML 文件。读者可使用 Google Earth 打开其中一个 KML 文件,如 overlay_DUBLIN.kml,结果如图 8-3 所示(彩图见附录 2)。

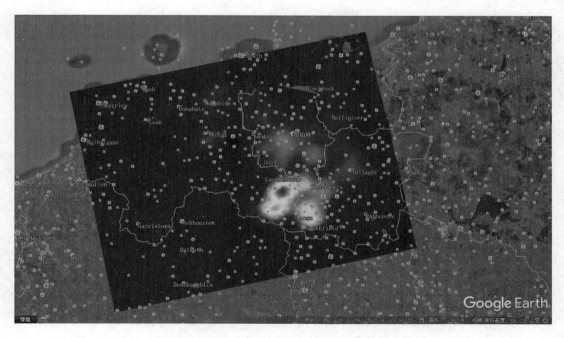

图 8-3   用 Google Earth 查看 overlay_DUBLIN.kml

完整的案例脚本代码如下所示：

```python
import os
import csv
import arcpy
import matplotlib.pyplot as plt
import numpy as np
from ncg602utils import *
from ncg602kde import *

arcpy.env.workspace = r"E:\Python_course\Chapter6\Data"

output_ws = r"E:\Python_course\Chapter6\Data"

counties = ["DUBLIN", "MEATH", "LOUTH"]

## Make KDE for each county
for unit in counties:

    ## prepare file names
    data_basename = os.path.splitext("csvdata\data")[0] + "_" + unit + ".csv"
    data_filename = output_ws + os.path.sep + data_basename

    results_basename = os.path.splitext("results\\results")[0] + "_" + unit + ".csv"
    results_filename = output_ws + os.path.sep + results_basename

    image_basename = os.path.splitext("images\image")[0] + "_" + unit + ".jpg"
    image_filename = output_ws + os.path.sep + image_basename

    kml_basename = os.path.splitext("images\overlay")[0] + "_" + unit + ".kml"
    kml_filename = output_ws + os.path.sep + kml_basename

    ## function loads CSV file and saves at as NumPy matrix 'data'
    data = create_array_from_file( data_filename, has_header = True )
```

```
## set number of cells per dimension and produce a rectangular grid
covering the data
ncell = 100
grid, xrange, yrange, bounding_box = make_bounding_grid(data,
ncell)

## set bandwidth 'sigma' and make KDE estimate with Gaussian kernel
sigma = 0.01
xyp = kde(data, grid, sigma)

## save results to file
write_array_to_file(xyp, results_filename,"x,y,kde")

p = xyp.take([2],axis = 1)

# as the grid is ncell by ncell so we reshape it to form an image
p = p.reshape(ncell,ncell)
# transform it back from NumPy matrix to standard array
p = np.array(p)

# save image
plt.imsave(image_filename, p, format = 'png',origin = 'lower')

# save KML with image overlay
save_image_overlay_kml(kml_filename, image_basename, bounding_
box, unit)

print("Processing completed for " + unit + ".\n")
```

8.2.3 ArcPy 空间数据可视化

在 **ArcPy** 函数包中,主要使用制图模块对空间数据进行可视化辅助,尤其可通过编辑代码的形式实现地图制图的批量出图。打开 ArcMap 软件,并添加地图文档数据,此处可添加本书所提供的示例数据:"DublinRoads""DublinCounties"和"DublinEDs"三个图层数据,效果如图 8-4 所示。注意,此处仅为示例,读者可用图层中不同的属性制作类似样式的地图,这里读者可以自己探索。

打开 Python 窗口开始对图层进行操作。首先,通过以下代码引用现有的地图文档:

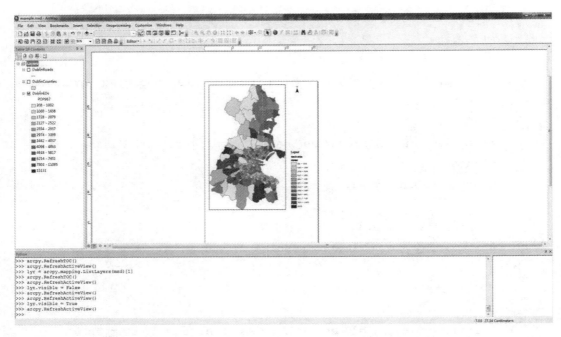

图 8-4　初始化布局

```
>>> mxd = arcpy.mapping.MapDocument("CURRENT")
```

此时，*MapDocument* 函数将返回一个 *MapDocument* 对象参考 mxd。注意，字符串
"*CURRENT*"用于引用当前已加载地图文档的关键字。换而言之，也可以在此处使用地图
文档的完整路径来代替"*CURRENT*"。

之后，对地图文档的属性进行修改。在 Python 窗口中输入以下代码，可以看到
MapDocument 对象可用的方法及其属性列表，如图 8-5 所示。

```
>>> mxd.
```

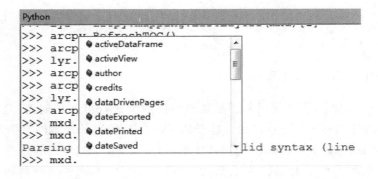

图 8-5　*MapDocument* 对象可用的方法和属性

此时，我们可以通过上述方法修改地图文档的属性，例如在 Python 窗口输入如下代码，即可将地图文档作者修改为"BBL"：

```
>>> mxd.author = "BBL"
```

在 ArcMap 中，单击菜单栏"文件"→"地图文档属性"，可以查看我们刚刚对地图文档属性的修改信息，如图 8-6 所示。而针对其他修改操作，本书此处不再一一赘述，读者可根据帮助文档进行进一步探索。

图 8-6 地图文档属性

通过 *save*()方法可进行地图文档的存储操作，在 Python 窗口输入以下内容即可保存地图文档：

```
>>> mxd.save()
```

如果地图文档尚未保存，会出现一个对话框提示设置路径和文件名。而如果地图文档已经存在，就不会弹出该对话框，并且可以通过下面的函数验证地图文档的存储位置：

```
>>> print mxd.filePath
```

```
E:\Python_course\Chapter6\Data\example.mxd
```

可以通过 *ListLayers*( ) 函数引用图层并更改图层属性，在 Python 窗口中输入以下内容：

```
>>> lyr = arcpy.mapping.ListLayers(mxd)[0]
```

ListLayers( ) 函数要求提供地图文档参考。该函数有两个附加参数：一个用于执行通配符搜索，另一个用于指定数据框。由于此处只有一个图层和一个数据框，因此不必设置其他参数。同样，语句结尾仍需要加上［0］索引值，以便返回 Layer 对象而不是 Python 列表对象。因此，在这个例子中，lyr 可以返回 "DublinRoads" 图层，并在 Python 窗口中输入下述代码，可以看到其对象可用的方法和属性的长列表，如图 8-7 所示：

```
>>> lyr.
```

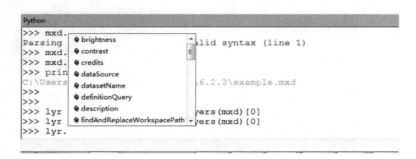

图 8-7　lyr 对象可用的方法和属性

在 Python 窗口中输入以下两行代码：

```
>>> lyr.name = "Some New Name"
>>> lyr.visible = False
```

通过上述代码，图层名字以及是否可见的属性将会被修改，但是为了避免应用程序经常刷新，输入命令行之后不会立刻看到更改。在使用 "CURRENT" 引用 ArcMap 中当前加载的地图文档时，有时需要刷新内容列表或活动视图（数据视图或布局视图）。输入以下两行代码，视图会重新刷新，进而可以看到属性更改后的结果：

```
>>> arcpy.RefreshTOC()
>>> arcpy.RefreshActiveView()
```

最后，可以将地图文档导出为 PDF 文件，输入以下代码，最后结果如图 8-8 所示（彩图见附录 2）：

```
>>> arcpy.mapping.ExportToPDF(mxd, r"E:\Python_course\Chapter6\Data\
map.pdf")
```

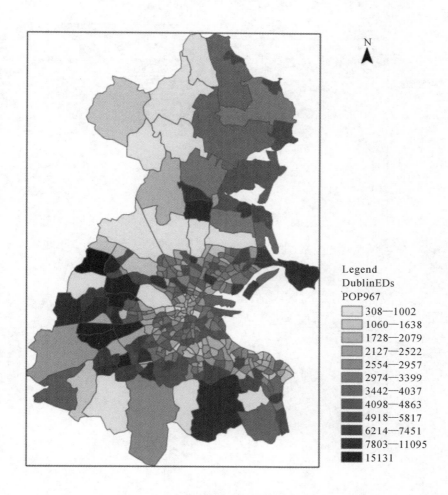

图 8-8　导出的 PDF 格式的地图文档

8.3　ArcGIS 工具箱及 Python 脚本工具制作

前一节介绍了如何利用 **ArcPy** 函数包编写 Python 脚本，接下来将进一步介绍如何将 Python 脚本包装为 Python 脚本工具，并添加到 ArcGIS 工具箱以供更加便捷地调用。

首先，打开 ArcMap 软件，点击 ArcCatalog（图 8-9（a））；或者直接打开 ArcCatalog（图 8-9（b））。

在 Catalog Tree 中选中"My Toolboxes"，右击选择"New"→"Toolbox"，新建 "MyGISTool"工具箱，如图 8-10 所示，完成一个新的工具箱的创建。注意，此处也可自行命名工具箱。

其次，在刚刚创建好的工具箱"MyGISTool"中添加脚本工具，具体流程如下：

先在"GIS_course"工具箱处右击，选择"Add"→"Script"，以创建核密度估计脚本工具

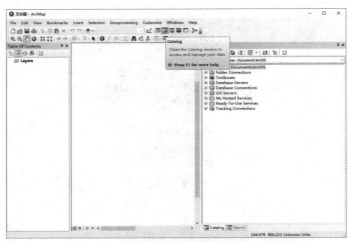

(a) 通过ArcMap打开ArcCatalog

(b) 直接打开ArcCatalog

图 8-9　打开 ArcCatalog

(a) 新建"MyGISTool"工具箱　　　　　(b) 结果

图 8-10　新建"MyGISTool"工具箱

为例,填写弹出的工具添加对话框,如图 8-11 所示。

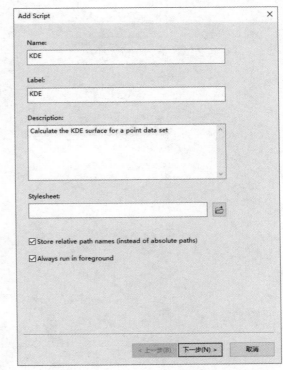

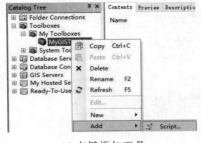

(a) 右键添加工具　　　　　　(b) 填写弹出的工具添加对话框

图 8-11　新建脚本工具

点击"下一步",此处先创建文件"KDE. py",然后在此对话框中选中此文件,如图 8-12 所示。

接下来是创建 Python 脚本工具的核心步骤——设计脚本工具输入输出 UI,具体步骤如下:

首先定义输入参数,此处将输入文件 Input feature 定义为 Feature Layer 类型数据,该参数的其他属性保持默认,如图 8-13(a)所示。

在输入文件确定后,定义属性项字段 Category field,类型为 Field,在属性设置中将该参数的过滤器设置为 Field,并全选所有后缀;设定属性项字段为从前面的输入图层文件中获取,如图 8-13(b)所示。

新建可选输入项 Field values,其类型为任意类型 Any value。属性设置中将其类型设定为可选,并允许多值。即选中某属性项后,如"COUNTY",该属性项中所有的值在下面的 Field values 中可选,可通过"＋"对属性值进行多选,如图 8-13(c)所示。

最后指定 CSV 文件输出文件夹以及 image 和 KML 输出文件夹,两个参数类型均为 Folder,注意,输出字段方向为 Output,如图 8-13(d)所示。

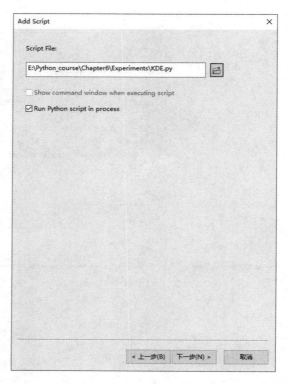

图 8-12　选择 Python 脚本文件

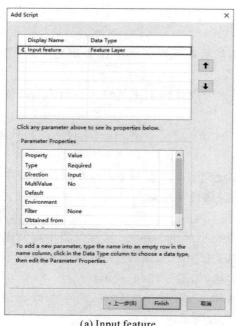

(a) Input feature

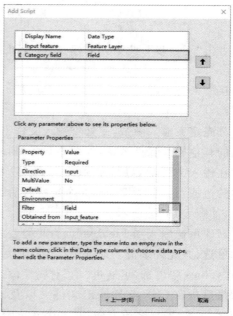

(b) Category field

图 8-13　设置 KDE 脚本工具输入输出参数(1)

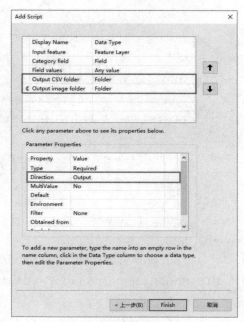

(c) Field values　　　　　　　　　　(d) 输出文件夹

图 8-13　设置 KDE 脚本工具输入输出参数(2)

　　点击"Finish"按钮后,即可完成工具的初始配置。此时,在前述创建的工具箱中可以看到这个 Python 脚本工具。选中该工具,点击右键→"edit"即可打开这个工具链接的 Python 脚本。输入下面代码,即将 8.2 节中前两个部分的代码整合到一起,进而读取 shapefile 文件,提取特定 County 的经纬度并将其保存为 CSV 文件,然后读取 CSV 数据并进行核密度分析,最后生成热度图片和 KML 文件。具体的脚本代码合集如下:

```python
import os
import csv
import arcpy
import matplotlib.pyplot as plt
import numpy as np
from ncg602utils import *
from ncg602kde import *


arcpy.env.workspace = r"E:\Python_course\Chapter6\Data"

if __name__ == "__main__":
    output_ws = r"E:\Python_course\Chapter6\Data"
    input_fc = "student_wgs84.shp"
```

```
temp_layer = "temp_lyr"

counties = ["DUBLIN", "MEATH", "LOUTH"]

for unit in counties:
    result = arcpy.MakeFeatureLayer_management (input_fc, temp_
layer, "\"COUNTY\" = '" + unit + "'")

    ## Define CSV output file name and initialize csv writer
    output_csv_basename = os.path.splitext ("csvdata\data") [0] +
"_" + unit + ".csv"
    output_csv = open (output_ws + os.path.sep + output_csv_
basename, "w")
    output = csv.writer(output_csv, delimiter = ',', quoting = csv.
QUOTE_MINIMAL, lineterminator = '\n')

    ## Coordinate names strings to include to the header
    geometry_xy = ["Longitude", "Latitude"]

    ## Fields to save is empty since we only need coordinates now
    fields_to_save = [];
    fields = []
    for field in arcpy.ListFields(input_fc):
        if  field.name in fields_to_save:
            fields.append(field.name)

    # write row of CSV file
    output.writerow(geometry_xy + fields)

    rows = arcpy.SearchCursor(temp_layer)
    row = rows.next()

    while row:

        output_line = []

        geometry = row.getValue("Shape")
```

```
            output_line.append(geometry.getPart().X)
            output_line.append(geometry.getPart().Y)

            for field in fields:
                output_line.append(row.getvalue(field))

                output.writerow(output_line)

                row = rows.next()

                output_csv.close()
                del rows

                arcpy.Delete_management(temp_layer)
                print("Data extracted for " + unit + ".")

                data_filename = output_ws + os.path.sep + output_csv
_basename

                results_basename = os.path.splitext(" results \ \
results")[0] + "_" + unit + ".csv"
                results_filename = output_ws + os.path.sep + results
_basename

                image_basename = os.path.splitext("images\image")[0]
+ "_" + unit + ".jpg"
                image_filename = output_ws + os.path.sep + image
_basename

                kml_basename = os.path.splitext("images\overlay")[0]
+ "_" + unit + ".kml"
                kml_filename = output_ws + os.path.sep + kml_basename

                data = create_array_from_file(data_filename, has_
header = True)
                ncell = 100
                grid,xrange,yrange,bounding_box = make_bounding_grid
(data, ncell)
                sigma = 0.05
```

```
xyp = kde(data, grid, sigma)
write_array_to_file(xyp, results_filename,'x,y,kde')
p = xyp.take([2], axis = 1)
p = p.reshape(ncell, ncell)
p = np.array(p)
plt.imsave(image_filename, p, format = 'png', origin =
'lower')
 save_image_overlay_kml(kml_filename, image_basename,
bounding_box, unit)
print ('Processing completed for' + unit + '.\n')
```

至此,我们已经完成了 Python 工具箱以及 Python 脚本工具的创建。现在只需要将这个工具箱添加到 ArcGIS 工具箱中,就可以便捷地使用该脚本工具了。具体操作步骤如下:

打开 ArcToolbox,右键选择"Add Toolbox…",找到"Toolboxes""My Toolboxes",存储刚刚新建的 MyGISTool.tbx 文件,选中"导入",即可在 ArcToolbox 中看到导入的工具箱。点击 MyGISTool 工具箱下面的 KDE 工具,则能够看到刚刚配置的 KDE 工具界面,如图 8-14 所示。

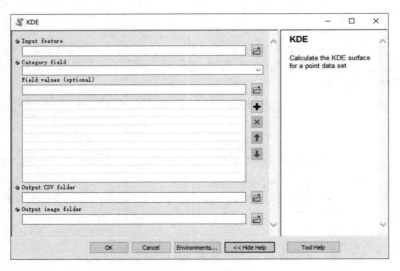

图 8-14　KDE 脚本工具界面

8.4　思考与练习

1.编辑 8.2.1 节中数据读取的代码,要求通过"ED"的值,选取来自 LEIXLIP、CELBRIDGE、KILCOCK 三个区域的学生,并将学生的坐标值分别存储为 csvdata 子文件夹下的名称为 data_LEIXLIP、data_CELBRIDGE、data_KILCOCK 的 CSV 文件。

2.任选 csvdata 子文件夹下的一个 CSV 坐标文件,写一个 Python 脚本,将该 CSV 坐标

文件转换为一个 KML 文件,要求将坐标文件中的每个坐标都存储为地标格式,KML 文件中的单个地标格式为:

```
< ? xml version = "1.0" encoding = "utf- 8"? >
< kml xmlns = "http://www.opengis.net/kml/2.2">
    < Placemark>
        < name> Simple placemark< /name>
        < Point>
            < coordinates> - 6.68523423,53.652526324,0< /coordinates>
        < /Point>
    < /Placemark>
< /kml>
```

直接双击 KML 文件,在 GoogleEarth 中查看这些点。

3. 创建 Buffer 工具。

要求:

(1) 输入点、线、面三种不同类型的图层,定义距离,产生对应 Buffer 对象文件。

(2) 要求自行查询对象 Buffer 生成算法进行编程,不允许使用 **ArcPy** 中的已有 Python 函数。

(3) 结果需包括 Python 代码及工具箱工具设计文件。

4. 创建线文件节点提取工具。

要求:

(1) 输入线图层,提取所有线对象的端点,并作为独立的点文件输出,效果如下图所示:

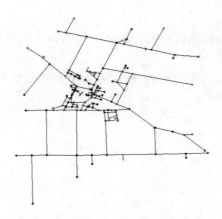

(2) 同时根据连接关系,输出这些点的对应连接关系文件(CSV 格式),内容格式为:

起始点 ID 终结点 ID 起始点坐标(x)起始点坐标(y)终结点坐标(x)终结点坐标(y)

(3) 结果需包括 Python 代码及工具箱工具设计文件。

5. 创建 shp 文件转 KML 文件格式的 Python 脚本工具。

要求:

(1) 输入点、线、面三种不同类型的图层,产生对应的 KML 文件;

(2) 要求自行查询转换算法进行编程,不允许使用 **ArcPy** 中已有的转换函数。

第9章　Python 语言综合案例分析

本章将使用前面章节中所学习的技术与方法，针对一个综合案例进行分析，以期达到熔炼所学知识、做到活学活用的目的。本章案例数据来源于全国空气质量指数（Air Quality Index，AQI）数据，我们将会从数据获取、数据预处理、数据分析和数据可视化等方面来进行讲解。

9.1　数据获取

本次数据是全国各城市自 2013 年 12 月起至今的月度大气污染数据，包括平均 AQI、AQI 范围、质量等级、$PM_{2.5}$、PM_{10}、二氧化硫、一氧化碳、二氧化氮和臭氧指标等。

Python 语言提供了便捷的网络数据爬取功能，但由于数据获取的方法不是本书讲解的重点，读者可自行搜索相关资料进行学习。笔者已经利用 Python 语言将相关数据下载完毕。其中，AQI 数据存放在"data. json"文件中；城市坐标通过百度 API 获取，存放于"citylocation. json"文件中，并已经使用第三方函数库将百度坐标系转换为 WGS84 坐标系。

9.2　数据预处理

数据预处理步骤主要进行数据清洗工作以确保数据质量及后续步骤的顺利执行，尤其要去除"脏"数据使结果不受影响。

首先，直接使用 Python 内置的 CSV 模块将 json 格式数据转换为 CSV 格式文件，其处理代码如下：

```python
import json
import pandas as pd
import codecs
import csv
import os
def getjson_from_file(filepath):
    with codecs.open(filepath,encoding = "utf- 8") as f:
        data_str = f.read()
    data = json.loads(data_str)
    return data

data = getjson_from_file("E:/Python_course/Chapter8/Data/data.json")
```

```
print(len(data))
print(data[0]["result"]["data"]["items"])

headerlis = ["cityname","time_point","max_aqi","min_aqi","aqi","pm2_
5","pm10","co","no2","o3","so2","rank","quality"]
csvwriter = csv.DictWriter(codecs.open("data.csv",'w',"utf- 8"),
fieldnames = headerlis)

csvwriter.writeheader()
for citydata in data:
    for monthdata in citydata["result"]["data"]["items"]:
        monthdata["cityname"] = citydata["city"]
    csvwriter.writerows(citydata["result"]["data"]["items"])
```

完成文件格式转换之后,即可对数据进行预处理,主要包括缺失值处理和异常值处理。
首先进行缺失值处理,代码如下:

```
>>> import os
>>> import pandas as pd
>>> os.chdir(r'E:/Python_course/Chapter8/Data')
>>> df = pd.read_csv('data.csv')
>>> df.isnull().any()
cityname        False
time_point      False
max_aqi         False
min_aqi         False
aqi             False
pm2_5           False
pm10            False
co              False
no2             False
o3              False
so2             False
rank            True
quality         False
dtype:bool
```

通过上述结果可以看出,在"data.csv"中,rank 这一列的属性值存在缺失情况,因此需
要对这一列属性值的缺失值进行补齐。具体来说,可以使用分组平均值对缺失行进行填充。
通过如下代码,将数据按照城市分组,取各个城市的平均 rank 值来填充每个对应组别的缺

失值：

```
>>>  grouped = df.groupby('cityname').mean()['rank']
>>>  for i, row in df.iterrows():
>>>      for j in range(len(grouped)):
>>>          if row['cityname'] = = grouped.index[j]:
>>>              df['rank'][i] = grouped.values[j]
```

在完成缺失值填充后，即可进行异常值的处理。首先进行箱线图的绘制，图 9-1 展示了数据中各个数值型属性数据的值域分布情况。

```
>>>  import matplotlib.pyplot as plt
>>>  df.boxplot(vert = False)
>>>  plt.show()
```

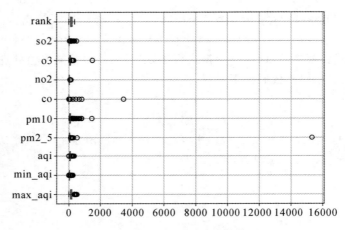

图 9-1　使用 boxplot 生成箱线图

由图 9-1 所示箱线图，可以看到数据中 $PM_{2.5}$，CO，O_3 处均有一个明显的异常值。我们可以通过调用 $describe()$ 函数来查询异常值大小以及寻找异常值位置。

```
>>>  df.describe()
```

	max_aqi	min_aqi	aqi	pm2_5	pm10 \
count	16659.000000	16659.000000	16659.000000	16659.000000	16659.000000
mean	166.363587	40.783961	84.258839	51.362987	88.465694
std	91.302516	17.306527	33.908716	122.043250	49.333362
min	0.000000	0.000000	0.000000	0.000000	0.000000
25%	105.000000	30.000000	62.000000	30.000000	55.000000
50%	144.000000	38.000000	78.000000	44.000000	78.000000
75%	200.000000	49.000000	99.000000	64.000000	110.000000
max	500.000000	251.000000	330.000000	15326.000000	1457.000000

	co	no2	o3	so2	rank
count	16659.000000	16659.000000	16659.000000	16659.000000	16659.000000
mean	1.417854	31.999700	86.723513	24.656462	167.814634
std	28.188972	14.705569	35.287950	22.423722	73.197382
min	0.000000	0.000000	0.000000	0.000000	1.000000
25%	0.742000	21.000000	62.000000	12.000000	109.951600
50%	0.948000	30.000000	83.000000	18.000000	167.709700
75%	1.248000	41.000000	110.000000	29.000000	224.500000
max	3449.621000	125.000000	1489.000000	484.000000	364.000000

通过 $describe()$ 函数可以看到，$PM_{2.5}$ 数据中有一个 15326 的异常值，CO 中有一个 3449 的异常值，O_3 中有一个 1489 的异常值。将这三个异常值修改为前一个观测值，然后重新生成箱线图，如图 9-2 所示。

```
>>> max_pm2_5 = df['pm2_5'].idxmax()
>>> max_co = df['co'].idxmax()
>>> max_o3 = df['o3'].idxmax()


>>> df['pm2_5'][max_pm2_5] = df['pm2_5'][max_pm2_5 + 1]
>>> df['co'][max_co] = df['co'][max_co + 1]
>>> df['o3'][max_o3] = df['o3'][max_o3 + 1]
>>> df.describe()
>>> df.boxplot(vert = False)
>>> plt.show()
```

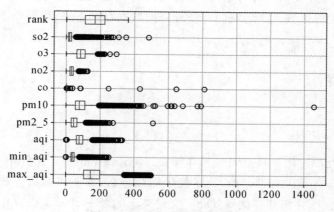

图 9-2　去除异常值的 boxplot

可以看到，在去除了这三个异常值后，还是有很多值超出了箱线图中的统计上限，那么这些值是否为异常值呢？我们可以绘制 AQI 值的直方图来做进一步判断，如图 9-3 所示。

```
>>> df.aqi.hist()
>>> plt.ylabel("number")
>>> plt.xlabel("aqi")
>>> plt.show()
```

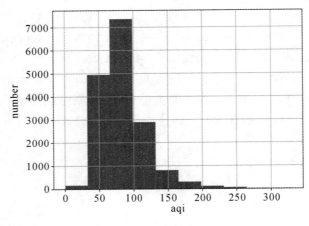

图 9-3　AQI 直方图

对于标准正态分布的样本，只有极少数值为异常值。异常值越多则可能导致直方图头部或尾部越重，自由度越小（即自由变动的量的个数）；而偏态表示偏离程度，如果异常值集中在较小值一侧，则分布呈左偏态；异常值集中在较大值一侧，则分布呈右偏态。

通过图 9-3 可以看出，AQI 数值分布具有较为明显的偏态，偏态的形态表现为右偏，既说明异常值集中在偏高值的一侧，也说明我们的样本数据并不满足典型正态分布。这与经验常识也较一致，即在我国的部分城市，其大气污染程度明显比其他城市严重，因此造成了异常值集中在较大值区域。之后我们将处理完的数据存储下来，代码如下：

```
>>> df.to_csv("E:/Python_course/Chapter8/Data/data_fillna.csv")
```

9.3　数据分析

9.3.1　生成 Shapefile 文件

由于前期预处理过程中将空间坐标存储在"citylocation.csv"文件中，而属性数据（AQI等数据）存储在"data_fillna.csv"中，为了便于后续分析，需要将两部分数据结合起来，生成 ESRI Shapefile 文件，并将其存储到"Data"文件夹下的"Results"文件夹中。

使用之前所讲的空间数据处理包 **gdal** 中的相关函数，代码如下：

```
from osgeo import gdal
from osgeo import ogr
from osgeo import osr
```

```
import csv
import codecs
import time
import datetime
import os

with codecs.open("E:/Python_course/Chapter8/Data/citylocation.csv",
encoding = "utf-8") as locationfile:
    with codecs.open("E:/Python_course/Chapter8/Data/data_fillna.csv",
encoding = "utf-8") as datafile:
        locationReader = csv.DictReader(locationfile)
        attrReader = csv.DictReader(datafile)
        locationData = dict()
        for city in locationReader:
            locationData[city['cityname']] = {
                'lon' : city['lon'],
                'lat' : city['lat']
            }
        driverName = "ESRI Shapefile"
        drv = gdal.GetDriverByName(driverName)

        ds = drv.Create("E:/Python_course/Chapter8/Data/Results/aqi.
shp",0,0,0,gdal.GDT_Unknown)
        if ds is None:
            print("Create failed")
            exit(1)
        lyr = ds.CreateLayer("aqi",None,ogr.wkbPoint)
        fieldlist = ['aqi','max_aqi','min_aqi','pm2_5','pm10','co',
'no2','o3','so2','rank','cityname','quality','time_point']
        for field in fieldlist:
            typename = "Real"
            if field == "time_point":
                typename = "Date"
            elif field in ['cityname','quality']:
                typename = "String"
            exec("{field}field_defn = ogr.FieldDefn('{field}',ogr.OFT
{typename})".format(field = field,typename = typename))
            exec("lyr.CreateField({}field_defn)".format(field))
```

```
        for item in attrReader:
            x = float(locationData[item['cityname']]['lon'])
            y = float(locationData[item['cityname']]['lat'])
            feat = ogr.Feature(lyr.GetLayerDefn())
            pt = ogr.Geometry(ogr.wkbPoint)
            pt.SetPoint_2D(0,x,y)
            feat.SetGeometry(pt)
            for field in fieldlist:
                typename = "float"
                if field in ['cityname','quality']:
                    typename = 'str'
                    item[field] =
                    item[field].encode("gbk").decode("ISO-8859-1")
                elif field = = "time_point":
                    typename = ""
                    item[field] = datetime.date.fromtimestamp(time.
mktime(time.strptime(item[field],"% Y - % m")))
                try:
    exec("feat.SetField('{field}',{typename}('{value}'))".format(field =
field,value = item[field],typename = typename))
                except Exception as e:
                    print(item)
                    print(field)
                    print(e)
                    exit(1)
            lyr.CreateFeature(feat)

        spatialRef = osr.SpatialReference()
        spatialRef.SetWellKnownGeogCS('WGS84')
        spatialRef.MorphToESRI()
        with open('aqi.prj','w') as prjf:
            prjf.write(spatialRef.ExportToWkt())

        if feat is not None:
            feat.Destroy()
        ds = None
```

230

　　使用 ArcGIS 结合 Data 文件夹中的数据，对转换好的 Shapefile 进行制图，可得到主要城市 AQI 分布，如图 9-4 所示。

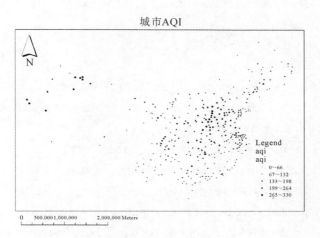

图 9-4　城市 AQI 分布

9.3.2　空间权重矩阵

　　为了进行后续的空间自相关分析，我们使用 citylocation. csv 文件计算空间权重矩阵。首先生成 Shapefile 格式文件，然后利用其计算权重矩阵。注意在生成城市 Shapefile 时，需要计算每个城市的平均 AQI，作为城市属性特征。为了避免重复写 Shapefile 文件的转换代码，将写一个简单的转换函数来生成 Shapefile 文件，之后在需要生成不同的 Shapefile 文件时调用此函数即可。

```
type_map = {
    "Real": "float",
    "String": "str",
}
def generateShp_Point (headers: list, headers_type: list, data: list,
geomAttr:dict, file_path):
    for geom in list(geomAttr.values()) :
        if geom not in headers:
            print("geomAttr is not in headers")
            exit(1)
        if len(headers) != len(headers_type):
            print("The length of headers is not same as types")
            exit(1)
        driverName = "ESRI Shapefile"
```

231

```
        drv = gdal.GetDriverByName(driverName)

        ds = drv.Create(file_path, 0, 0, 0, gdal.GDT_Unknown)
        if ds is None:
            print("Create file failed")
            exit(1)
        lyr_name = file_path.split('/')[- 1].split('.')[- 1]
        lyr = ds.CreateLayer(lyr_name, None, ogr.wkbPoint)
        fieldlist = headers
        for index, field in enumrate(fieldlist):
            if field not in list(geomAttr.values()):
                exec("{field}field_defn = ogr.FieldDefn('{field}',ogr.
OFT{typename})".format(field = field,typename = headers_type[index]))
                exec("lyr.CreateField({}field_defn)".format(field))

        x_index = fieldlist.index(geomAttr['x'])
        y_index = fieldlist.index(geomAttr['y'])

        for item_data in data:
            if len(item_data) ! = len(headers):
                print("Data is not the same length given by headers")
            else:
                x = float(item_data[x_index])
                y = float(item_data[y_index])
                feat = ogr.Feature(lyr.GetLayerDefn())
                pt = ogr.Geometry(ogr.wkbPoint)
                pt.SetPoint_2D(0,x,y)
                feat.SetGeometry(pt)
                for index, field in enumrate(fieldlist):
                convert_type = type_map[headers_type[index]]
                if convert_type = = 'str':
                        item_data[index] = item[field].encode("gbk").
decode("ISO- 8859- 1")
                    try:
    exec("feat.SetField('{field}',{typename}('{value}'))".format(field =
field,value = item_data[index],typename = convert_type))
                    except:
```

```
        print("{} Field set wrong".format(field))
    lyr.CreateFeature(feat)

spatialRef = osr.SpatialReference()
spatialRef.SetWellKnownGeogCS('WGS84')
spatialRef.MorphToESRI()
with open('{}.prj'.format(lyr_name),'w') as prjf:
    prjf.write(spatialRef.ExportToWkt())

if feat is not None:
    feat.Destroy()
ds = None
```

注意，此转换函数仅可生成点对象 Shapefile，且属性数据为整数、浮点型和字符串类型的变量，坐标系仅限于 WGS84 坐标系。针对其他复杂的数据对象，读者可在此基础上自行拓展。其中，输入参数中 headers 代表属性名称（包括空间属性），data 代表数据，geomAttr 代表空间属性名称，即一个包含 x,y 键值的字典，file_path 为保存生成 Shapefile 文件路径。具体代码如下：

```
import pandas as pd

df = pd.read_csv("E:/Python_course/Chapter8/Data/data_fillna.csv")
df_mean = df.groupby('cityname').mean(numeric_only = True)
headers = [df_mean.index.name] + list(df_mean.columns)
headers_type = ['String', 'Real'] + ['Real'] * 9
headers+ = ['lon', 'lat']
headers_type+ = ['Real', 'Real']
df_city = pd.read_csv("E:/Python_course/Chapter8/Data/citylocation.
csv", index_col = 'cityname')
df_mean_city = pd.merge(df_mean, df_city, how = 'inner', left_index =
True, right_index = True)

data = []

for i, row in df_mean_city.iterrows():
    in_data = []
    for field in headers:
        if field = = 'cityname':
            in_data.append(i)
```

```
        else:
            in_data.append(row[field])
    data.append(in_data)
    geomAttr = {
    'x': 'lon',
    'y': 'lat'
    }
```

```
generateShp_Point(headers, headers_type, data, geomAttr," E:/Python_
course/Chapter8/Data/Results/city_mean.shp")
```

在上述代码运行的基础上,用下列代码具体计算空间权重矩阵:

```
import libpysal
kw = libpysal. weights. Kernel. from _ shapefile ( " E:/Python _ course/
Chapter8/Data/Results/city_mean.shp", function = "gaussian")
```

9.3.3 空间自相关

在权重矩阵构建完成之后,接下来进行空间自相关的分析。这里具体对全国的平均 AQI 指数进行空间自相关分析,代码如下:

```
import numpy as np
import esda
f = libpysal. io. open ( " E:/Python_course/Chapter8/Data/Results/city_
mean.dbf")
y = np.array(f.by_col['aqi'])
mi = esda.moran.Moran(y, kw, two_tailed = False)
print(mi.I)
print(mi.EI)
print(mi.p_norm)
```

使用 **pysal** 库函数计算 Moran 指数,其中 Moran 指数为 0.37,EI 指数为 -0.0027,p 值为 0。可以看到全国各城市 AQI 指数呈现显著正相关关系,p 值为 0,说明 p 值非常小。

计算局部 Moran 指数的代码如下:

```
# - * - coding: utf- 8 - * -
import libpysal
import geopandas as gpd
import esda

df = gpd.read_file("E:/Python_course/Chapter8/Data/Results/city_mean.
shp")
```

```
    y = df.aqi
    kw = libpysal. weights. Kernel. from_ shapefile ( " E:/Python _ course/
Chapter8/Data/Results/city_mean.shp", function = "gaussian")
    lm = esda.moran.Moran_Local(y,astype(float),kw)
    df['I'] = lm.Is
    df['z'] = lm.z

    def type_judge(a,b):
        if (a> 0)&(b> 0):
            return "high- high"
        elif (a> 0)&(b< 0):
            return "high- low"
        elif (a< 0)&(b< 0):
            return "low- high"
        elif (a< 0)&(b> 0):
            return "low- low"
    df['type'] = df.apply(lambda x: type_judge(x['z'],x['I']), axis = 1)

    df['p_005'] = (lm.p_sim < 0.05).astype(int)
    df.to_ file ( " E:/Python _ course/Chapter8/Data/Results/city _ mean _ lm.
shp")
    df_sig = df[df['p_005'] = = 1]
    df_sig.to_ file (' E:/Python_ course/Chapter8/Data/Results/city_mean_
sig.shp')
```

接下来,使用 **pysal** 库中的 Moran_Local 函数计算全国平均 AQI 的局部 Moran 指数,并将结果输出至"city_mean_lm. shp"文件中,最后我们将 p 值小于 0.05 的部分输出至"city_mean_sig. shp"中。注意,由于数据中有中文字符,在读取文件和输出文件的时候需要设置编码方式为 UTF-8。

之后可通过 ArcGIS 软件将"city_mean_sig. shp"数据进行绘制,选择用 type 属性列作为颜色分类的标准,可以直接将空间点的聚集属性用不同的颜色标识在地图上。

如图 9-5 所示(彩图见附录 2),可视化结果中红点代表高-高聚集,蓝点代表低-低聚集。可以看到,我国华北、华东地区多呈现 AQI 高-高聚集现象,而华南、西南地区 AQI 多呈现低-低聚集现象。

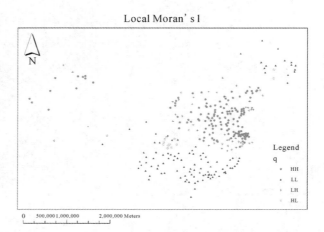

图 9-5　局部 Moran 指数的散点图

9.4　数据可视化

上一节中统计了全国各城市的平均 AQI 指数,本节将利用 AQI 指数以及平均 SO_2、O_3、NO_2 等指数进行可视化展示,分为基础数据可视化、基础数据交互式可视化和地图可视化三部分。

9.4.1　基础数据可视化

上一节中,我们将统计得到的平均 AQI 指数输出为 Shapefile,而本节中需要利用 **pandas** 工具,数据源匹配格式为 CSV 文件,因此我们重新执行一次代码,进而生成 CSV 格式文件,并将其命名为"city_mean.csv"。

```
import pandas as pd

df = pd.read_csv("E:/Python_course/Chapter8/Data/data_fillna.csv")
df_mean = df.groupby('cityname').mean(numeric_only = True)
headers = [df_mean.index.name] + list(df_mean.columns)
headers_type = ['String', 'Real'] + ['Real'] * 9
headers+ = ['lon', 'lat']
headers_type+ = ['Real', 'Real']
df_city = pd.read_csv("E:/Python_course/Chapter8/Data/citylocation.
csv", index_col = 'cityname')

df_mean_city = pd.merge(df_mean, df_city, how = 'inner', left_index =
True, right_index = True)
```

```
df_mean_city.to_csv("E:/Python_course/Chapter8/Data/Results/city_
mean.csv")
```

1. AQI 数值分布

针对各城市 AQI 值的分布情况,首先使用直方图进行可视化显示,相关代码如下:

```
>>>  import matplotlib.pyplot as plt
>>>  import seaborn as sns
>>>  import numpy as np

>>>  n, bins ,patches = plt.hist(df_mean_city ['aqi'], 'auto', facecolor
= "b", alpha = 0.75, density = True)
>>>  plt.xlabel("AQI")
>>>  plt.ylabel("Probability")
>>>  plt.grid(True)
>>>  plt.show()
```

这里将 bins 数量设置为自动分割,将直方图柱子的颜色设为蓝色,透明度设为 0.75,将频率数值进行标准化,得到直方图如图 9-6 所示。

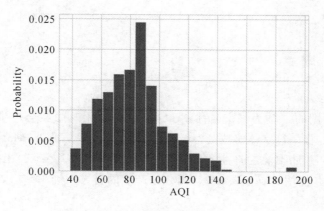

图 9-6　AQI 分布直方图

此外,可使用 **seaborn** 包的直方图函数对图片进行美化,并为直方图添加核密度拟合曲线,运行如下代码可得到图 9-7:

```
>>>  sns.distplot(df_mean_city['aqi'])
>>>  plt.show()
```

2. AQI 值排序

相信大家都很关心全国污染最严重的城市在哪,抑或哪个城市的空气质量最好。本小节我们就通过可视化的方式让大家直观地了解我国城市中空气污染相对较差和空气质量相对较好的前 20 个城市。首先,根据 AQI 降序排列,可得到图 9-8(a)。

```
>>>  df = pd.read_csv("E:/Python_course/Chapter8/Data/Results/city_
```

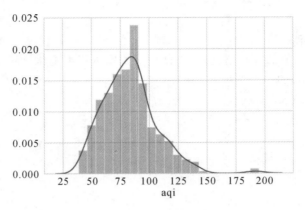

图 9-7　美化后的直方图

```
mean.csv")
    >>> plt.figure(figsize = (19.2,10.8))
    >>> sns.barplot(x = 'cityname', y = 'aqi', data = df.sort_values(by =
'aqi', axis = 0, ascending = False).iloc[:20, :])
    >>> sns.set_style('whitegrid',{'font.sans- serif':['simhei','Arial
']})
    >>> plt.grid(b = True)
    >>> plt.tight_layout()
    >>> plt.show()
```

由于输出柱状图的 x 轴为城市名称，**Seaborn** 函数使用时中文会产生乱码，因此这里使用 *set_style*() 函数，将字符字体修改为"simhei"，即微软雅黑。此外，Matplotlib 绘图函数的默认窗口尺寸过小，城市名称会产生重叠现象，因此这里使用 figure() 函数设置输出窗口大小为 1920 ∗ 1080，并使用 *tight_layout*() 函数让产生的直方图铺满窗口，最终达到较好的出图效果。

同理，对 AQI 进行升序排列，即可观察我国空气质量较好的城市排名，如图 9-8(b) 所示。

```
    >>> sns.barplot(x = 'cityname', y = 'aqi', data = df.sort_values(by =
'aqi', axis = 0, ascending = True).iloc[:20, :])
```

由图 9-8(a)、(b) 可以看到全国 AQI 指数最高的为新疆和田地区，AQI 指数最低的为云南迪庆州。

3. 各污染物之间的关系

上节针对 AQI 属性绘制了直方图和核密度曲线，以观察空气质量总体分布。本节我们将利用其余的属性绘制散点图矩阵，以探索不同属性之间的关系。示例代码如下：

```
    >>> sns.set(style = "whitegrid", color_codes = True)
    >>> sns.pairplot(df, kind = "reg", diag_kind = "kde", vars = ['aqi',
```

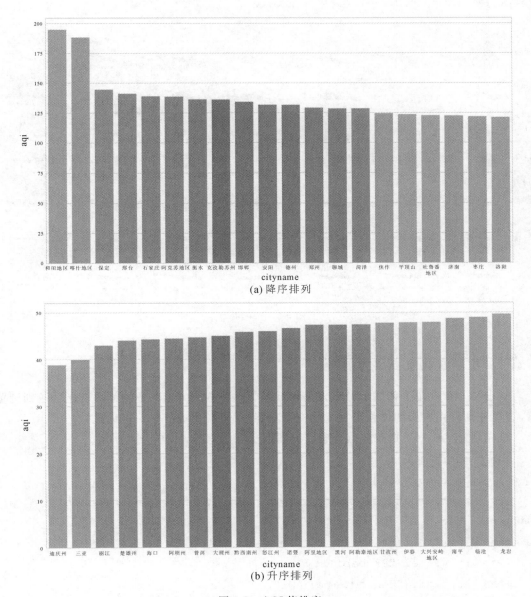

(a) 降序排列

(b) 升序排列

图 9-8 AQI 值排序

```
'so2', 'no2', 'o3', 'pm2_5', 'pm10', 'co'])
    >>> plt.show()
```

在上述代码中,使用 **Seaborn** 函数包中的 *pairplot*()函数,输入数据为 AQI 数据的 DataFrame,这里设置 kind 为"reg",即每一个散点图会绘制线性回归拟合线,将 diag_kind 参数设置为"kde",即在对角上图形类别为核密度图。Var 参数为此处待分析关系的 7 个属性名称,分别为 AQI、SO_2(二氧化硫)、NO_2(二氧化氮)、O_3(臭氧)、CO(一氧化碳)、$PM_{2.5}$、

PM_{10}，结果如图 9-9 所示。

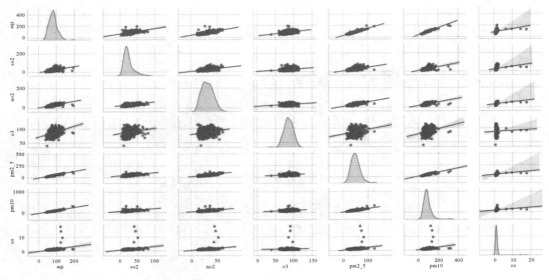

图 9-9　pairplot

9.4.2　基础数据交互式可视化

本书第 5 章介绍了使用 **mpld3** 和 **bokeh** 函数包将 **Matplotlib** 中的绘图功能发送到浏览器，这里分别利用它们的增强可视化的交互功能，对可视化进行进一步优化。

首先，将全国 AQI 指数数值分布直方图推送至浏览器，如图 9-10 所示。

```
>>> import mpld3
>>> plt.figure(figsize = (16,9))
>>> n, bins, patches = plt.hist(df['aqi'], density = 1, facecolor = 'g',
alpha = 0.75)
>>> plt.xlabel("AQI")
>>> plt.ylabel("Probability")
>>> plt.title("Histogram of AQI")
>>> plt.grid(True)
>>> plt.tight_layout()
>>> mpld3.show()
```

Bokeh 函数包也提供了在浏览器中显示可视化图形的方法，这里分别绘制 AQI 值与 $PM_{2.5}$ 的散点图，如图 9-11 所示。

```
>>> from bokeh.plotting import figure, show
>>> import pandas as pd
>>> import geopandas as gpd
```

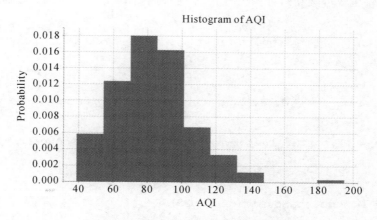

图 9-10   全国 AQI 指数数值分布直方图

```
>>>  df = pd.read_csv("E:/Python_course/Chapter8/Data/Results/city_
mean.csv")
>>>  p = figure(plot_width = 1600, plot_height = 900)
>>>  p.outline_line_width = 7
>>>  p.outline_line_alpha = 0.3
>>>  p.outline_line_color = "navy"
>>>  p.xaxis.axis_label = "AQI"
>>>  p.yaxis.axis_label = "PM2.5"
>>>  p.circle(df['aqi'], df['pm2_5'], size = 6)
>>>  show(p)
```

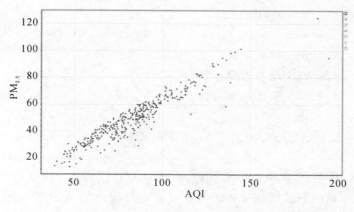

图 9-11   AQI 值与 $PM_{2.5}$ 的散点图

　　上述代码仅是将可视化图形推送到网页端,但是其仍没有交互功能部分。根据第 4 章中介绍的插件,为增强可视化图形的交互功能,对于 AQI 数据,同样可以通过添加 **Mpld3**

或 **bokeh** 的插件生成可交互的可视化图形,示例代码如下,添加 tooltips 后的效果如图 9-12 所示:

```
from bokeh.plotting import figure, show, output_file, ColumnDataSource
import pandas as pd

df = pd.read_csv("E:/Python_course/Chapter8/Data/Results/city_mean.csv")
df_top20 = df.sort_values(by = 'aqi', axis = 0, ascending = False).iloc[:20, :]

source = ColumnDataSource(df_top20)

TOOLTIPS = [
    ("name", "@ cityname"),
    ("AQI", "@ aqi"),
    ("SO2", "@ so2"),
    ("O3", "@ o3"),
    ("NO2", "@ no2"),
    ("CO", "@ co"),
    ("PM2.5", "@ pm2_5"),
    ("PM10", "@ pm10")
]

p = figure(plot_width = 1600, plot_height = 900, x_range = df_top20['cityname'], tooltips = TOOLTIPS)
p.outline_line_width = 7
p.outline_line_alpha = 0.3
p.outline_line_color = "navy"
p.xaxis.axis_label = "Cityname"
p.yaxis.axis_label = "AQI"
p.vbar(x = 'cityname', top = 'aqi', width = 0.5, source = source)
show(p)
```

在上述代码中,使用了 **Bokeh** 函数包为全国 AQI 值前 20 的城市的柱状图添加了 tooltips 提示框,当鼠标划过每一个柱子时可以显示此城市的 AQI、二氧化硫、臭氧等污染物参数,具体如图 9-12 所示。

9.4.3　地图可视化

除了统计图表可视化以外,**Bokeh** 函数包还提供了地图可视化的模块,只需要在散点图

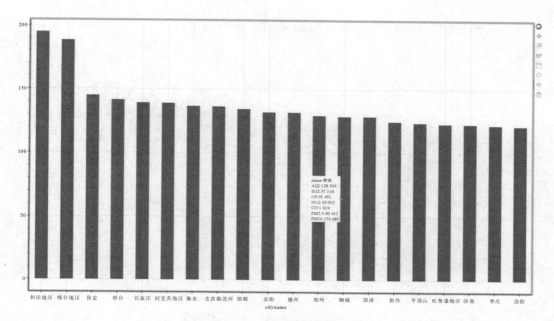

图 9-12   添加 tooltips 后的柱状图

中添加 WMTS 地图瓦片即可,示例代码如下:

```
from bokeh.plotting import figure, show, output_file, ColumnDataSource
from bokeh.tile_providers import CARTODBPOSITRON_RETINA
import pandas as pd
import math


def convert_wgs842mercator(item):
    item["mercator_x"] = (item.lon * 20037508.34) / 180
    item["mercator_y"] = (math.log(math.tan((90+ item.lat) * math.pi/
360))/(math.pi/180) * 20037508.34) / 180
    return item



df = pd.read_csv("E:/Python_course/Chapter8/Data/Results/city_mean.
csv")

df["mercator_x"] = 0
df["mercator_y"] = 0

df['size'] = df.aqi/7
```

```
df = df.apply(convert_wgs842mercator, axis = 1)

source = ColumnDataSource(df)

TOOLTIPS = [
    ("name", "@ cityname"),
    ("AQI", "@ aqi"),
    ("SO2", "@ so2"),
    ("O3", "@ o3"),
    ("NO2", "@ no2"),
    ("CO", "@ co"),
    ("PM2.5", "@ pm2_5"),
    ("PM10", "@ pm10")
]

p = figure(plot_width = 1600, plot_height = 900, tooltips = TOOLTIPS, x_
axis_type = "mercator", y_axis_type = "mercator")
    p.add_tile(CARTODBPOSITRON_RETINA)

p.circle(x = "mercator_x", y = "mercator_y", size = 'size', source =
source)

show(p)
```

在上述代码中,采用了增加瓦片的函数,并使用 **Bokeh** 函数包内置的 CartoDB 的
WMTS 服务为数据添加地图底图。需要注意的是,由于内置的 WMTS 服务仅支持墨卡托
投影,因此需要通过 **convert_wgs842mercator** 函数将城市坐标转换为墨卡托投影并显示。
这里以 AQI 值的大小作为点符号的大小,能够更加直观地感受各城市的空气污染程度,而
且在添加 TOOLTIPS 提示框之后,能够详细了解每个城市的污染物数值情况。

9.5　思考与练习

本章提供了综合练习数据与简单的示例,希望读者在此基础上进行拓展,进一步探索
AQI 数据,并完成以下练习:

1.本章对全国城市平均 AQI 进行了可视化,是否可以从其他角度进行数据可视化? 如
读者可专门针对北京市污染情况做出散点图、柱状图等可视化图形。

2.请读者使用 Geary's C 比率来度量全国平均 AQI 指数的空间自相关情况,并与
Moran 指数进行对比,是否能够得到相似结论。

参 考 文 献

[1] Alex M. Python in a Nutshell [M]. 2nd ed. California：O'Reilly Media，2006.

[2] Allen B D. Think Python：How to Think Like a Computer Scientist[M]. California：O'Reilly Media，2012.

[3] Anselin L. Local indicators of spatial association-LISA[J]. Geographical Analysis，1995,27:93-115.

[4] Benjamin V R. Interactive Applications Using Matplotlib [M]. Birmingham：Packt，2015.

[5] Brett S. Effective Python[M]. Boston：Addison-Wesley Professional，2015.

[6] Kang C，Qin K. Understanding operation behaviors of taxicabs in cities by matrix factorization[J]. Computers，Environment and Urban Systems,2016,60:79-88.

[7] Chitij C，Dinesh K. PostgreSQL 9. 6 High Performance Cookbook[M]. Birmingham：Packt，2017.

[8] Cleveland W S. Visualizing Data[M]. New Jersey：Hobart Press，1993.

[9] David Beazley. Python Essential Reference [M]. Boston：Addison-Wesley Professional，2009.

[10] David B，Brian K J. Python Cookbook[M]. California：O'Reilly Media，2013.

[11] Eric M. Python Crash Course，2nd Edition：A Hands-On Project-Based Introduction to Programming[M]. San Francisco：No Starch Press，2019.

[12] Qiao F，Pei L，Zhang X，et al. Predicting Social Unrest Events with Hidden Markov Models Using GDELT[J]. Discrete Dynamics in Nature and Society，2017：1-13.

[13] GDAL/OGR contributors. Geospatial Data Abstraction software Library[EB/OL]. (2020). https://gdal. org.

[14] Hagberg A，Swart P S，Chult D. Exploring network structure，dynamics，and function using NetworkX[C]. SCIPY 08. California，USA：Scipy，2008.

[15] Hans-Jürgen S. Mastering PostgreSQL 9. 6[M]. Birmingham：Packt，2017.

[16] Harris C R，Millman K J，van der Walt S J，et al. Array programming with NumPy [J]. Nature，2020，585：357-362.

[17] Hunter J D. Matplotlib：A 2D graphics environment[J]. Computing in Science and Engineering，2007，9(3)：90-95.

[18] Jake V. Python Data Science Handbook[M]. California：O'Reilly Media，2016.

[19] James P. Beginning Python：Using Python 2. 6 and Python 3. 1[M]. Birmingham：

Wrox, 2011.

[20] Jamie C. Learn Python in One Day and Learn It Well[M]. South Carolina: CreateSpace Independent Publishing Platform, 2015.

[21] Li J, Zhao P, Hu Q, et al. Robust point cloud registration based on topological graph and Cauchy weighted l_q-norm. ISPRS Journal of Photogrammetry and Remote Sensing, 2020, 160: 244-259.

[22] Loader C. Local Regression and Likelihood[M]. New York: Springer, 1999:257.

[23] Lu B, Charlton M, Harris P, et al. Geographically weighted regression with a non-Euclidean distance metric: a case study using hedonic house price data[J]. International Journal of Geographical Information Science, 2014, 28: 660-681.

[24] Lu B, Harris P, Charlton M, et al. The GWmodel R package: further topics for exploring spatial heterogeneity using geographically weighted models[J]. Geo-spatial Information Science, 2014, 17:85-101.

[25] Lu B, Harris P, Gollini I, et al. GWmodel : an R package for exploring spatial heterogeneity[C]. In GISRUK 2013. Liverpool, 2013.

[26] Luciano R. Fluent Python[M]. California: O'Reilly Media, 2015.

[27] Magnus L H. Beginning Python: From Novice to Professional[M]. California: Apress, 2017.

[28] Mark L. Learning Python[M]. California: O'Reilly Media, 2013.

[29] Mark L. Programming Python[M]. California: O'Reilly Media, 2011.

[30] Mark L. Python Pocket Reference[M]. California: O'Reilly Media, 2009.

[31] McKinney W. et al. Data structures for statistical computing in python[C]. Proceedings of the 9th Python in Science Conference. Texas, USA: Scipy, 2010: 51-56.

[32] Paul A Z. Python Scripting for ArcGIS[M]. California: Esri Press, 2013.

[33] Paul A Z. Python Scripting for ArcGIS Pro[M]. California: Esri Press, 2020.

[34] Paul B. Head First Python: A Brain-Friendly Guide[M]. California: O'Reilly Media, 2010.

[35] Paul M. Introduction to data technologies[M]. Florida: CRC Press, 2009.

[36] Zhao P, Hu Q, Wang S, et al. Panoramic Image and Three-Axis Laser Scanner Integrated Approach for Indoor 3D Mapping[J]. Remote Sensing, 2018, 10 (8): 1269

[37] Zhao P, Jia T, Qin K, et al. Statistical analysis on the evolution of OpenStreetMap road networks in Beijing[J]. Physica A: Statistical Mechanics and its Applications, 2015, 420: 59-72.

[38] Pilgrim M, Willson S. Dive Into Python 3[M]. California: Apress, 2009.

[39] Zhou Q, Park J, Koltun V. A Modern Library for 3D Data Processing[DB/OL]. (2018). https://arxiv. org/abs/1801. 09847.

［40］Rey S J，Anselin L．PySAL：A Python Library of Spatial Analytical Methods［J］．Review of Regional Studies，2007，37：5-27.

［41］Shaun M T．PostgreSQL High Availability Cookbook Second Edition［M］．Birmingham：Packt，2017.

［42］Simon R，Gianni C，Gabriele B．PostgreSQL Administration Cookbook -9. 5/9. 6 Edition［M］．Birmingham：Packt，2017.

［43］Steve B，Ewan K，Edward L．Natural Language Processing with Python［M］．California：O'Reilly Media，2009.

［44］Toby D．Python：visual quick start guide［M］．Hoboken：Peachpit Press，2013.

［45］Tuckey J W．Exploratory Data Analysis［M］．Massachusetts：Addison-Wesley Pub，1977：163-182.

［46］Virtanen P，Gommers R，Oliphant T E，et al．SciPy 1. 0：Fundamental Algorithms for Scientific Computing in Python［J］．Nature Methods，2020，17：261-72.

［47］Wes M．Python for Data Analysis［M］．California：O'Reilly Media，2012.

［48］Wilkinson L．The Grammar of Graphics［M］．New York：Springer，1999.

［49］Zhang X，Zhao P，Hu Q，et al．A 3D Reconstruction Pipeline of Urban Drainage Pipes Based on MultiviewImage Matching Using Low-Cost Panoramic Video Cameras ［J］．Water，2019,11(10)：2101.

［50］Zed S．Learn Python the Hard Way［M］．Boston：Addison-Wesley Professional，2011.

［51］秦昆，罗萍，姚博睿. GDELT 数据网络化挖掘与国际关系分析［J］. 地球信息科学学报,2019，21(1)：14-24.

［52］秦昆，王玉龙，赵鹏祥，等. 行为轨迹时空聚类与分析［J］. 自然杂志,2018,40(3)：177-182.

［53］张金亭，赵玉丹，田扬戈，等. 大气污染物排放量与颗粒物环境空气质量的空间非协同耦合研究——以武汉市为例［J］. 地理科学进展，2019，38(4)：612-624.

附录1 代码资源列表

1. **pip** 是专门用来管理第三方的函数包工具：https://pip.pypa.io/。

2. **conda** 是一个与语言无关的跨平台环境管理器：https://github.com/conda/conda。

3. **NumPy** 是最知名的科学计算生态系统 SciPy 的核心函数包之一，是最基础的数值计算函数包：https://numpy.org.cn/。

4. **Anaconda** 免费开源的 Python 发行版本，集成了丰富的 Python 科学计算包，支持 Linux，Windows 和 Mac 操作系统：https://www.anaconda.com/products/individual。

5. **Python(x,y)** 是基于 Spyder IDE 和 QT 开发的面向科学计算与工程开发的 Python 免费发行版本，集成了丰富的 Python 科学计算函数包，可用于帮助用户将 MATLAB，IDL，C/C++ 等其他编程语言转换到 Python，但仅可在 Windows 操作系统下使用：https://python-xy.github.io/。

6. **WinPython** 适用于 Windows 8/10 操作系统的 Python 免费发行版本，集成了主要的 Python 科学计算包，主要面向科研和教育目的使用：https://winpython.github.io/。

7. **Pyzo** 是基于 Anaconda 和 Python IDE 所开发的开源 Python 计算平台，主要面向科学计算，支持 Linux，Windows 和 Mac 多个操作系统：http://www.pyzo.org/。

8. **SciPy** 函数包（读作"Sigh Pie"）是一个高级的科学计算库，以 **NumPy** 为操作基础开发了丰富的科学计算模块，例如插值运算、优化算法、数学统计等：https://pypi.org/project/scipy/。

9. 数据分析函数包 **Pandas**（Python Data Analysis Library）由 Wes McKinney 等人开发和维护，它是基于 **Numpy** 开发的一种数据分析工具集，旨在为数据分析任务提供强大而灵活的工具支持，能够在 Windows、Linux 和 MacOS 多平台上安装使用：http://pandas.pydata.org/。

10. **Matplotlib** 是 Python 语言的基础 2D 绘图库，由 John D. Hunter 和 Michael Droettboom 等人开发和维护。它以各种硬拷贝格式和跨平台的交互式环境生成高质量图形图件，是 Python 最著名也是最流行的绘图库之一：https://matplotlib.org/。

11. **Seaborn** 函数包由 Michael Waskom 等人开发和维护。它是一个基于 Matplotlib 的 Python 可视化库，在 **Matplotlib** 的基础上进行了更高级的封装，从而使得作图更加简便、便捷：http://seaborn.pydata.org/。

12. **Mpld3** 函数包由 Jake VanderPlas 等人开发和维护，它将 Python 的核心绘图库 Matplotlib 和备受欢迎的 JavaScript 图表库 D3.js 结合在一起，创建了与浏览器兼容的可视化图形：http://mpld3.github.io/。

13. **Bokeh** 由 Bryan Van de Ven、Mateusz Paprocki 等人开发和维护，是一个 Python 交

互式可视化库，它提供了风格优雅、简洁的 D3.js 的图形化样式：https://github.com/bokeh/bokeh。

12. 函数包 **gdal** 是在开源 C++地理空间数据抽象库（Geospatial Data Abstraction Library，GDAL）的基础上在 Python 中集成的函数包：https://pypi.python.org/pypi/GDAL/。

13. 函数包 **pysal** 的全称是 Python 空间分析库（Python Spatial Analysis Library），由 Luc Anseiln 院士和 Serge Rey 教授共同创立，包含了丰富的空间分析、空间计量、地理建模等分析工具：https://pysal.org/。

14. **Postgresql** 数据库的前身是加州大学伯克利分校计算机系开发的 POSTGRES，后更名为 Postgresql，是一个开源的对象关系型数据库管理系统：https://www.postgresql.org/。

15. **PostGIS** 是基于 Postgresql 数据的一个扩展，定义了空间数据类型以及相应的空间操作函数：https://postgis.net/。

16. **psycopg** 函数包是最受欢迎的 Python 连接 Postgresql 数据库的第三方函数包，其核心功能完全实现了 Python DB API 2.0 特性，其他一些扩展使其便捷地支持 Postgresql 的某些其他特性：http://initd.org/psycopg/。

17. Python 第三方函数包 **Networkx**，是用于处理复杂网络的第三方函数库，包括创建、操作、分析等网络数据对象功能：https://pypi.org/project/networkx/。

18. **Open3D** 是由 QianYi Zhou 等人负责开发和维护的一个开源的点云处理库：http://www.open3d.org/。

19. **python-pcl** 是 C++中常用的开源点云算法处理库 PCL（Point Cloud Library）所扩展得来的 python 函数包，由 Strawlab 等人负责维护：https://github.com/strawlab/python-pcl。

20. **point cloud utils** 是由 github 开源社区所开发维护的一个简单易用的三维点云及网格处理库，主要维护人为 Francis Williams：https://github.com/fwilliams/point-cloud-utils。

21. **laspy** 库是 Python 环境中常用的处理 las 格式点云的算法库之一。

22. **ArcGIS** 是一款十分强大的 GIS 工具组件，由美国环境系统研究所公司（Environmental Systems Research Institute, Inc. 简称 ESRI 公司）研发：https://www.arcgis.com/。

23. **ArcPy** 是一个 Python 站点函数包，集成于 ArcGIS 软件中的 Python API。它以 ArcGIS Scripting 模块为基础，并完整继承了 ArcGIS Scripting 功能，旨在提供实用高效的 Python 接口函数，以执行地理数据分析、数据转换、数据管理和地图自动化创建等基础功能，详细可参考 ESRI 提供的在线帮互助文档：http://desktop.arcgis.com/zh-cn/arcmap/latest/analyze/arcpy/what-is-arcpy-.htm。

24. **ArcObjects** 是用于开发 ArcGIS 的 COM（组件对象模型，Component Object Model）组件库，与 ArcGIS Desktop，ArcGIS Engine 和 ArcGIS for Server 一起安装，可用于改造 ArcGIS 桌面端应用、建立独立的 GIS 应用以及开发 Web 端应用：https://developers.arcgis.com/documentation/arcgis-add-ins-and-automation/arcobjects/。

附录 2　正文彩插图

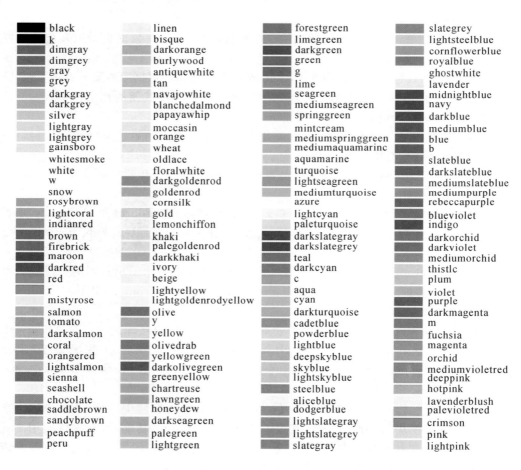

图 4-3　**Matplotlib** 中定义的 148 种颜色

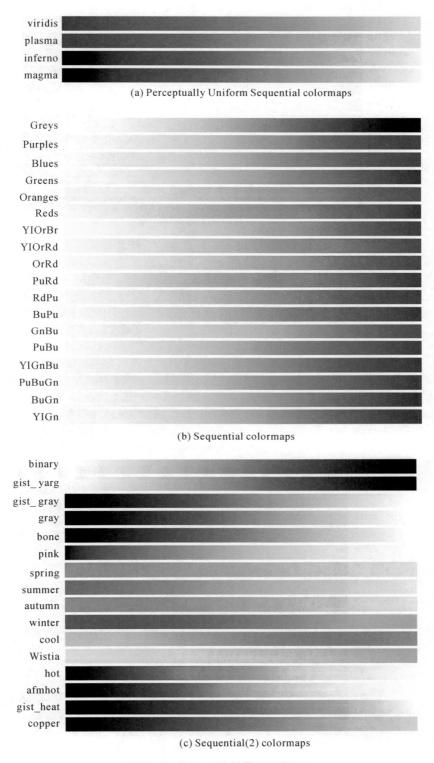

(a) Perceptually Uniform Sequential colormaps

(b) Sequential colormaps

(c) Sequential(2) colormaps

图 4-4　**Matplotlib** 中提供的调色板(1)

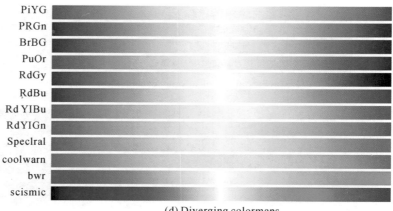

(d) Diverging colormaps

(e) Qualitative colormaps

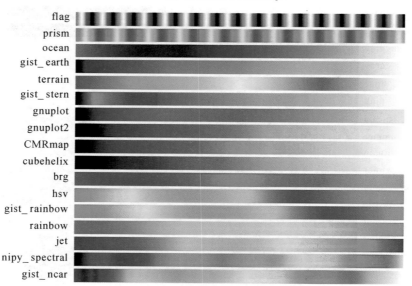

(f) Miscellaneous colormaps

图 4-4 **Matplotlib** 中提供的调色板（2）

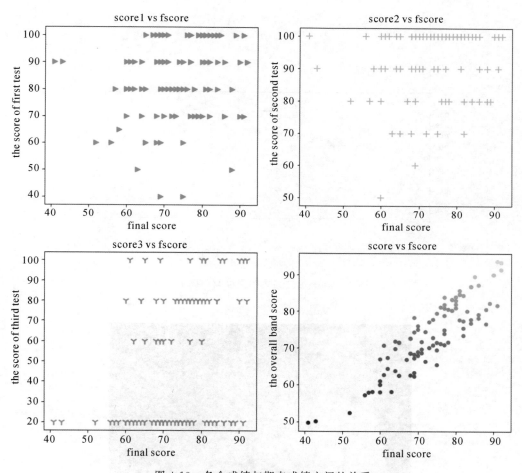

图 4-10　各个成绩与期末成绩之间的关系

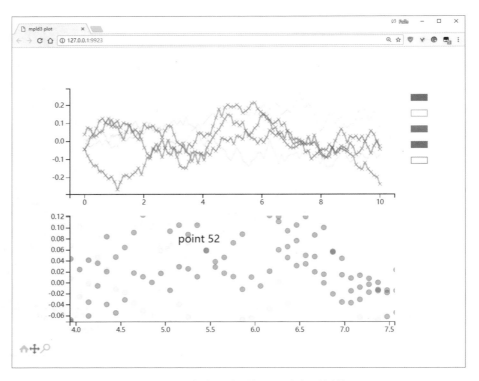

图 4-20　添加交互式图例以及点提示插件

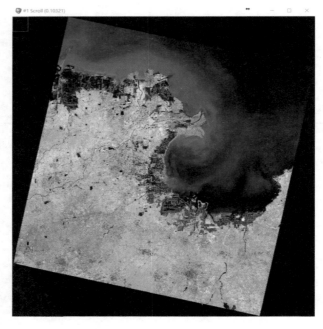

图 5-10　ENVI 打开的 Landsat 8 影像

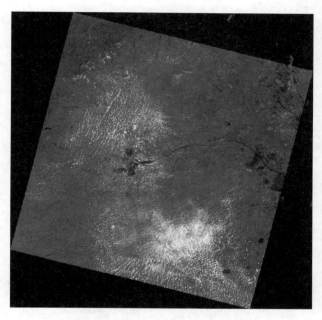

图 5-14　假彩色合成图(R:波段 5,G:波段 4,B:波段 3)

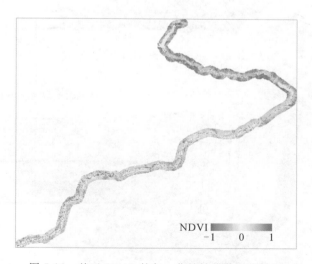

图 5-16　基于 **GDAL** 的归一化植被指数反演结果

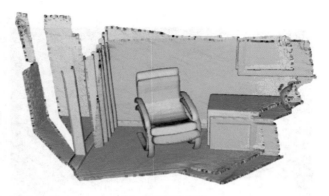

(a) 点云初始位姿

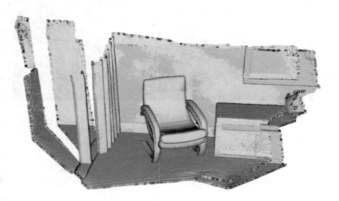

(b) 点到点ICP

(c) 点到面ICP

图 7-9 ICP 配准结果

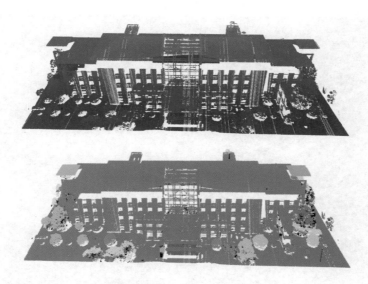

图 7-13   DBSCAN 聚类结果

图 7-14   平面检测结果

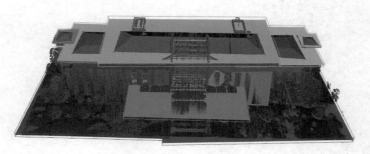

图 7-15   多平面检测结果

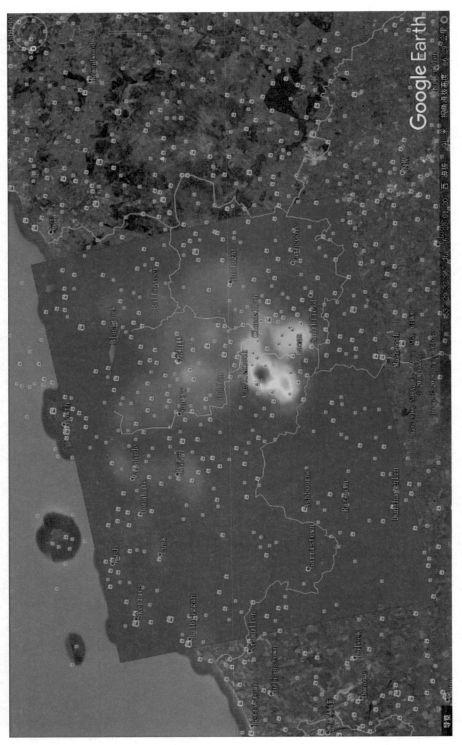

图8-3　用Google Earth查看overlay_DUBLIN.kml

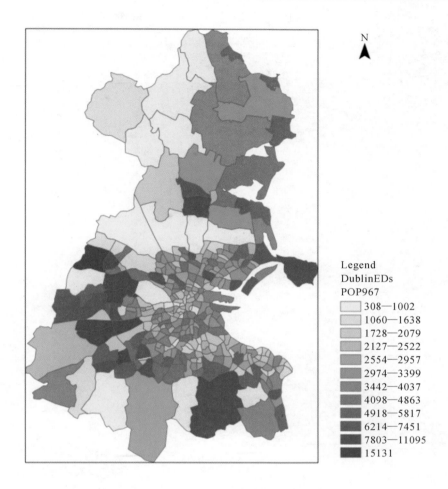

图 8-8　导出的 PDF 格式的地图文档

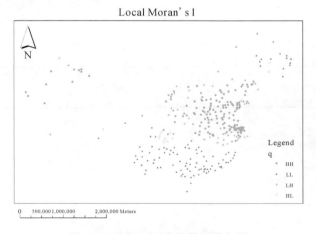

图 9-5　局部 Moran 指数的散点图